(연구결과 활용을 위한)

# 원예 · 특용작물 기술정보 (7)

농촌진흥청
국립원예특작과학원

# 목 차

## Ⅰ. 채 소 ······················································· 1
1. 시설 환경관리 ········································ 3
2. 마늘 주아재배 ······································ 11
3. 고추 ······················································ 20

## Ⅱ. 과 수 ····················································· 29
1. 사과 ······················································ 31
2. 배 ·························································· 42
3. 복숭아 ·················································· 50
4. 포도 ······················································ 54
5. 감귤 ······················································ 58
6. 단감 ······················································ 60
7. 신기술보급 시범사업 ···························· 62

## Ⅲ. 화 훼 ····················································· 75
1. 심비디움 ·············································· 77
2. 정원과 도시녹화 ·································· 88

## Ⅳ. 특용작물 ················································ 93
1. 인삼 ······················································ 95
2. 황기 ······················································ 99
3. 잔대 ···················································· 106
4. 더덕 ···················································· 108
5. 백수오 ················································ 109
6. 삽주 ···················································· 110
7. 구기자 ················································ 113
8. 약용작물 ············································ 115

## Ⅴ. 주요 원예·특용작물 경영정보 ············· 119
1. 시설딸기 ············································ 121
2. 당근 ···················································· 129
2. 주요 작물 가격동향 ·························· 139

―《 요 약 》――――――――――  원예·특용작물 기술정보(제142호)

### < 채 소 >
○ 시설 환경관리는 광선과 작물생육, 시설 내 광 환경 특성, 영농활용 1건
○ 마늘 주아재배는 품종별 주아특성, 주아재배기술, 영농활용 1건
○ 고추는 노지조숙재배 작부체계, 재배기술, 영농활용 1건

### < 과 수 >
○ 사과는 저온 피해 예방 및 대책, 적뢰 및 적화, 병해충 방제, 신기술보급시범사업 1건, 보도자료 3건
○ 배는 저온 피해, 인공수분, 배나무 생육 시기별 화상병 증상, 보도자료 1건
○ 복숭아는 적뢰 및 적화, 신기술보급시범사업 1건
○ 포도는 발아, 새가지 솎기, 휴면병, 영농활용 2건
○ 감귤은 생리생태, 저온 및 서리 피해, 과원 관리, 병해충 방제
○ 단감은 병해충 방제, 접목 시기 및 방법
○ 신기술보급 시범사업은 대체 품종 활용 과수 우리품종 특화단지 조성 시범 1건

### < 화훼 >
○ 심비디움은 분포 및 특징, 생리생태, 재배기술, 영농활용 1건
○ 정원과 도시녹화는 베란다 정원과 환경관리, 정원식물 선정과 재배, 영농활용 1건

### < 특용작물 >
○ 인삼은 본밭 해가림 설치, 모밭 해가림 설치, 보도자료 1건, 신기술보급시범사업 1건
○ 황기는 재배방법, 보도자료 1건
○ 잔대는 특성, 육묘이식재배, 육묘재배시 주의사항
○ 더덕은 직파재배
○ 백수오는 직파재배
○ 삽주는 재배방법
○ 구기자는 영농활용 2건
○ 약용작물은 파종 및 포장관리(결명자, 율무, 오미자), 보도자료 1건

### < 주요 원예·특용작물 경영정보 및 연구 성과 >
○ 시설딸기는 수급 전망 및 동향, 수익성 등
○ 당근은 수급 전망 및 동향, 수익성 등
○ 주요 작물 가격동향은 3월 12일 기준임

# I. 채 소

## 1. 시설 환경관리

□ 광선과 작물 생육
  ○ 광합성
    - 광합성 작용에는 광, 온도, 이산화탄소, 양·수분 등의 환경 요인이 서로 상관성을 갖고 영향을 주며, 이 중 광은 광합성 에너지원으로 작용하기 때문에 작물의 생육과 수량에 직접 영향을 줌
    - 작물은 광량이 증가하면 광포화점까지는 광합성 작용이 왕성하여 생육량도 늘어나지만, 그 정도나 양상은 작물에 따라 다름
    - 광포화점이 높은 작물은 강한 광선 아래에서 생육량이 많고, 광보상점이 낮은 작물은 약한 광선 아래에서도 비교적 잘 자람
    - 특히 시설재배는 광선의 제약을 받으므로 작목을 선택할 때 동화 특성을 고려해야 함
    - 광포화점이 높은 수박, 토마토, 토란 등은 강한 광선이 필요하고 광포화점이 낮은 머위, 생강, 삼엽채, 강낭콩 등은 약한 광선에서도 재배할 수 있음
    - 광합성은 빛의 강도와 함께 일조 시간(일장)과 광질의 영향을 받고, 광포화점 이상의 광량은 작물 생육에 도움이 안 되며, 강한 광선 아래에서도 일조 시간이 짧으면 생육량이 감소하고 또한 약한 광선 아래서는 광합성량 보다 호흡에 의한 소모량이 많아 오히려 생체중이 감소함
    - 하루 중 작물의 광합성량은 해가 뜬 이후 급격히 증가하기 시작하여 정오에 최고조에 달하였다가 점차 감소함
    - 작물에 따라서는 한낮에 광합성 작용이 저하되는 낮잠현상이 나타나기도 함
    · 따라서 작물의 시설재배는 오전에 햇빛을 많이 받도록 피복물을 일찍 제거하고 이중비닐을 되도록 일찍 벗겨 주는 것이 유리함

- 대체로 강한 광선 아래에서 작물은 잎이 작고 두꺼우며 진한 녹색을 띠고 마디 사이가 짧고 굵음
- 반면 약한 광선 아래에서는 작물의 잎이 얇고 넓으며 조직이 유연하고 마디 사이가 길며 낙화 및 낙과가 많고 지상부와 지하부의 생육이 불량함
- 한겨울이나 이른 봄 또는 흐린 날이 계속되거나 수막하우스와 같이 물방울이나 안개로 일사량이 크게 부족할 때는 온도, 수분, 시비량 등을 조절할 필요가 있음
 · 특히 일조가 부족할 때 질소비료를 많이 쓰면 작물체가 연약해지고 웃자라게 됨
 · 또한 광량이 부족할 때 야간온도를 높이면 호흡에 의한 동화 산물의 소모가 많아져 생육이 불량해짐
- 시설재배에서 가능하면 채광을 좋게 하고 광량에 따라 온도, 수분, 시비량 등을 조절하는 재배 기술이 뒤따라야 함

○ 일장반응과 작물체 생육
- 일장반응(광주기성)
 · 낮과 밤의 길이 변화로 인해 새로운 기관분화 또는 형태 변화를 일으키는 현상을 일장반응(광주기성)이라고 함
 · 일반적으로 낮 길이(명기)를 기준으로 일장이 짧을수록 꽃눈분화가 촉진되는 식물을 단일식물, 반대로 일장이 길수록 꽃눈분화가 촉진되는 식물을 장일식물, 일장과 관계없이 일정한 영양생장 후 생식생장을 하는 식물을 중성식물이라고 함
 · 작물의 꽃눈분화를 비롯한 생식생장은 양분 공급이 필요하므로 극한 단일 하에서 광합성량이 부족하고, 약한 광선 아래에서 양분 소모가 많아 일장반응과 관계없이 생식생장이 지연되거나 정지됨

- 일장반응을 일으키는 빛은 가시광선이며, 그중 단일 및 장일 식물 모두 적색광과 주황색광이 가장 효과가 있으며 580~680nm에서 민감함
- 청색광은 효과가 작고 녹색광은 효과가 없음

○ 광선과 작물 지상부의 생육
- 빛은 작물의 일장반응에 의한 꽃눈분화에 영향을 주는 것 외에 생식기관을 발달시키고 동화산물을 축적하는 영양기관을 비대 시킴
- 빛이 부족하면 영양기관이나 생식기관의 비대 발육이 나빠짐
- 약한 광선 아래서 자란 잎은 얇고 커지며 줄기는 가늘고 길어짐
- 극심한 약광 하에서는 잎이 작아지고 초장도 짧아짐
- 과채류는 봄과 여름 재배나 노지재배의 경우 일조량이 많아 큰 문제가 되지 않지만, 시설재배나 겨울철 약광 하에서 재배하는 경우 광량이 부족하여 작물 생육에 큰 장해요인이 됨
- 약광 아래에서 광합성 작용이 충분히 이루어지지 못하기 때문에 탄수화물 생성이 부족해 측지가 발생하거나 암꽃 수가 감소하고 낙과와 낙화 수가 증가하며 과실의 비대도 불량함
- 약광 아래에서 토마토, 가지, 오이는 광도가 감소함에 따라 동화 능력이 떨어져 수량이 감소함
- 동화 능력이 떨어지면 생식기관의 전분 저장량이 감소하여 꽃가루 발아율이 저하되고, 화분관의 신장이 불량해 수정률이 떨어짐
- 따라서 시설재배에서는 피복자재, 재배 방법, 품종 선택 등 여러 가지 방법을 마련하여 채광량을 늘리는 데 주력해야 함

〈먼지 처리 수준(차광률)에 따른 토마토 생산량(11~1월)〉

| 먼지 양 (g/㎡) | 차광률 (%) | 과실 수(개/6주) | | | 과실 무게(g/6주) | | |
|---|---|---|---|---|---|---|---|
| | | 수량(개) | 지수 | 감소율(%) | 무게(g) | 지수 | 감소율(%) |
| 0 | 0 | 85 | 100.0 | 0.0 | 16,640 | 100.0 | 0.0 |
| 15 | 30 | 64 | 75.3 | 24.7 | 12,410 | 74.6 | 25.4 |
| 25 | 45 | 52 | 61.1 | 38.9 | 9,620 | 57.8 | 42.2 |

* 수확일 : 2012.11.7~1.12(시설원예시험장)

- 빛은 잎의 형태에도 영향을 주고, 빛이 약하면 잎이 얇고 작아지며 가늘고 길어짐
  · 또한 배추, 양배추, 양상추 등의 결구채소는 결구기가 늦어짐
- 엽채류의 결구 형성은 일장이 짧을수록 잎이 직립하기 때문에 단일이 장일보다 결구 형성을 촉진함
  · 같은 광도에서 배추의 결구 형성과 광질 간에는 적색광이 약한 광선과 같은 작용을 하여 잎의 직립을 촉진하고, 청색광이 강한 광선과 같은 작용을 하여 잎의 직립을 억제함
  · 따라서 배추 결구는 적색광이 강한 가을에 재배하는 것이 좋음
○ 광선과 작물 지하부의 생육
- 지하부 조직인 뿌리의 발달도 지상부와 마찬가지로 약광 하에서 가늘고 곁뿌리와 뿌리털의 발생이 감소하며 비대도 불량함
  · 특히 무, 당근, 비트 같은 직근류에 일조량이 부족하면 동화 산물이 감소하여 뿌리 비대가 억제되고 당 축적도 감소함
  · 무의 경우 장일 조건에서 단일보다 지상부의 발육은 촉진되지만 뿌리의 비대가 나쁘고 지상부/지하부 비율(T/R율)이 커지며, 단일 조건에서는 이와 반대 현상이 나타남
  · 생육 전기에 단일, 후기에 장일로 재배하면 뿌리 비대도 좋고 T/R율도 높아짐
  · 그러나 반대 조건에서는 뿌리 비대가 나쁨
- 양파와 마늘은 장일의 일장 자극으로 구의 비대가 촉진되고 장일이라도 약광 하에서 일장 자극의 효과가 약하기 때문에 약광의 장일은 단일과 같은 효과가 나타남
  · 따라서 구 비대를 증대시키기 위해 강한 광선을 쬐게 하는 것이 좋음

## ❏ 시설 내 광 환경 특성

○ 광량의 감소
- 시설 내는 대부분 일조량이 적은 겨울철에 작물이 재배되는 데다 시설물의 골재에 의해 광이 차단되고, 피복재에 의해 광이 차단되거나 반사되며, 피복재에 먼지·물방울 등이 부착되어 광선 투과가 방해되므로 광량이 노지에 비해 많이 감소함
- 골재에 의한 차광
  · 골재에 의한 차광 정도는 골재 구조나 크기에 따라 다르며, 골재는 피복물의 종류나 시설의 구조에 따라 달라짐
  · 일반적으로 목재온실은 차광율이 높고, 철골은 차광률이 낮으며, 유리온실은 유리의 고정하중이 크기 때문에 골재가 굵어서 대체로 골조율이 18% 정도이고, 비닐하우스 파이프 골재율은 7% 정도임
  · 최근에 내재해성 규격의 고측고 연동하우스 골조율은 13% 정도임
- 피복재에 의한 광선의 흡수, 반사 및 투과
  · 피복자재가 투명해도 먼지와 물방울에 광선이 흡수 반사되어 투과하는 광량이 감소하고, 피복 기간이 증가할수록 내부에 붙는 먼지와 물방울이 증가해 투과량을 떨어뜨림
  · 투명한 피복자재의 투과율은 입사각이 30~60°에서 감소하기 시작하여 60~90°에서 급격하게 감소함
  · 피복재의 광 흡수율은 3~7%이기 때문에 투과율의 저하는 반사율 증대에 의한 것임
  · 광 파장별 투과율은 대체적으로 비슷하지만, 자외선의 경우 자외선 차단제 사용에 따른 차이가 뚜렷함
  · 피복자재로 많이 사용하는 연질 필름은 사용 기간에 따른 먼지 부착으로 광투과율이 저하됨

<연질 피복재의 초기 광학적 특성(330~1100nm 파장)>

|  | 두께(mm) | 반사율(%) | 투과율(%) | 흡수율(%) |
|---|---|---|---|---|
| PO | 0.10 | 7.4 | 89.2 | 3.4 |
|  | 0.15 | 7.8 | 87.4 | 4.8 |
| EVA | 0.10 | 7.6 | 87.2 | 5.2 |
|  | 0.15 | 7.6 | 86.0 | 6.3 |
| PE | 0.10 | 8.1 | 87.1 | 4.8 |
|  | 0.15 | 7.8 | 85.3 | 6.9 |

- 시설의 방향과 광투과율
· 겨울철에는 태양고도가 낮으므로 시설의 설치 방향에 따라 광투과율의 차이가 큼
· 계절과 위도에 따라 시설 방향별 광투과율이 다르나 우리나라와 위도가 비슷한 일본에서 측정한 동서동과 남북동의 일사량을 비교하면 모두 남북동의 온실 내 광합성 유효 광량 자속밀도가 동서동에 비해 20% 정도 감소하였음

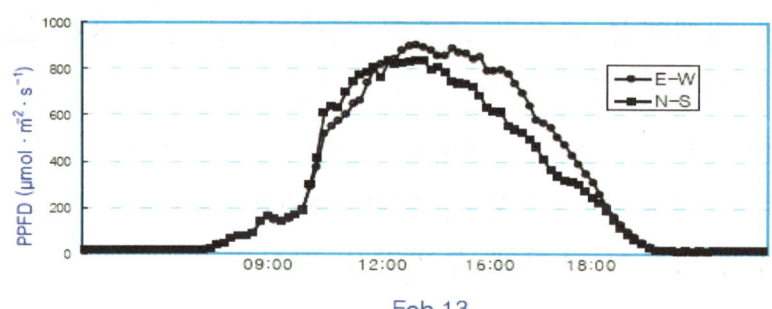

<온실의 방향과 온실 내 광합성유효광량자속밀도의 일 변화>

· 고위도 지역에서 저온기에 단동으로 시설재배를 할 때는 시설 방향을 동서로 설치하는 것이 유리하나 연동의 경우는 동서동이 남북동보다 그림자가 심하게 나타나 광 분포가 불균일하므로 남북동이 유리함
· 동서동의 남쪽 지붕은 특히 겨울에 입사광이 많으므로 겨울철 시설재배에서 광량을 많이 필요로 하는 멜론, 토마토는 4분의 3 지붕식 동서동이 많이 이용됨

- 광 분포의 불균일
  · 시설 내 광량은 위치에 따라 많은 차이가 나서 작물 생육이 고르지 못한 경우가 많음
  · 그 원인은 위치에 따라 시설 골재에 의한 차광과 시설물에 대한 태양광의 입사각이 다르기 때문임
  · 일반적으로 동서 방향으로 설치한 단동형 플라스틱 하우스는 위치에 따라 광투과량 차이가 많은데 북쪽 벽 부근은 광도가 낮고 중앙부 또는 남쪽 벽 부근은 높음
  · 연동형 시설은 동서동이 남북동보다 광 분포의 불균일이 심함

□ 파프리카 여름재배 환경관리를 위한 차광기술 현장적용 정보 제공
　　　　　　　　　　　　　　(영농활용: 2024 전북특별자치도농업기술원)

○ 배경
  - 국내 생산성은 네덜란드(재배 선진국) 대비 44.4% 수준으로 낮음
  · 고온기(7~8월 평균 기온: 유럽 17.5℃<한국 25.3) 경과 및 시설·재배기술 ↓
  · 겨울작형 생산성의 70% 정도로, 착과증진·생리장해 감소를 위한 온도 하강이 중요함
    → 생산성 향상을 위한 국내 여름재배(고온기) 맞춤형 관리 기술 필요
  - 여름재배 온실은 주로 노후화된 비닐온실로 에어컨 등 최신 냉방 시설을 설치하는데 높은 초기비용, 공간 부족(구조적 한계) 등의 문제가 있음
  · 따라서 시설투자 없이 기존 시설을 활용하고 접근이 쉬운 온도 하강 방법 필요
    → 기존스크린 + 도입도포제를 동시 활용한 이중차광 방법을 현장 실용화하고자 함

○ 개발된 영농기술정보
 - 파프리카 여름재배 이중차광기술 현장 실증 방법
  · 시기: 7월중~하순 이후
  * 초기직사광 강한 이른 시기(5월) 후기이른 장마(7월) 이후
  · 대상: 파프리카 여름재배 농가/연동비닐온실
 - 방법: 차광스크린 + 차광도포제
  * 차광: 내부스크린(80%까지만 닫힘) + 외부도포제
○ 연구 결과
 - 파프리카 여름재배 주산지 이중차광기술 현장 적용 효과
  · (온도) 주간 평균온도가 0.85℃ 낮게 유지되었고, 최대온도는 2.2℃ 높게 유지되었으며, 야간온도는 주야간온도 편차가 평균적으로 0.84℃ 낮게 유지됨
  · (광량) 조도가 평균적으로 1,876Lux 대조구가 높았고, 최대 29,810Lux 차이가 나 순간적인 광량이 큰 영향을 미쳤고, 일중 누적광량이 4.8MJ/m²/d 차이가 났음
  · 상품 수량이 이 대조구(무처리) 대비 평균 10.7% ↑ 높았고, 과중이 평균적으로 25.3g 무거웠음
  · 착과는 대조구가 생육 후기에 다량의 착과를 하여 평균 1.45개 많았으나 총 수량은 차광을 적용한 농가에서 높았음

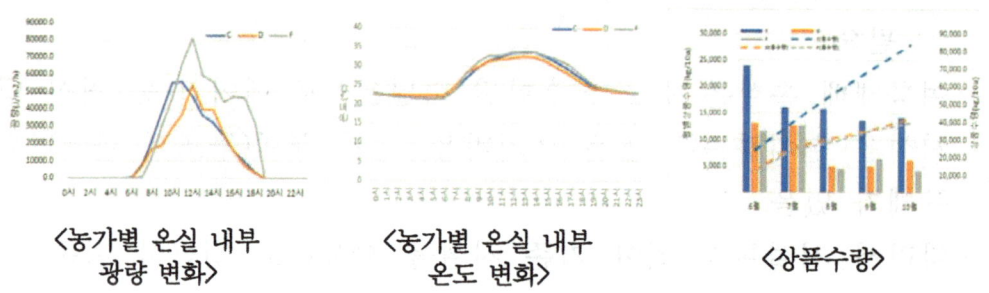

〈농가별 온실 내부 광량 변화〉　　〈농가별 온실 내부 온도 변화〉　　〈상품수량〉

○ 파급효과
 - 고온기 안정생산을 위한 환경관리기술(차광) 재배지 적용을 통한 실용화

## 2. 마늘 주아 재배

□ 주아란 ?
- ○ 구 비대가 시작할 무렵 마늘종이 올라오기 시작하고, 마늘종 안에 주아와 퇴화된 꽃망울이 함께 존재하며, 마늘종이 추대되면 윗부분에 있는 총포(總苞) 내에 주아가 착생하는데 이 총포라 부르는 마늘종 내에 있는 작은 알갱이를 주아라 함

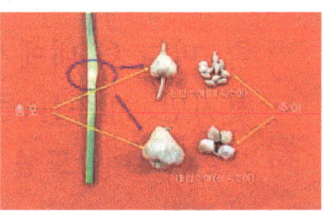

〈마늘종 및 주아 종류〉

  - 주아는 구조상 마늘쪽과 같으며 공중에서 생육하기 때문에 각종 병이나 바이러스 감염이 인편보다 훨씬 낮고, 조직이 치밀하여 저장력이 좋음
  - 마늘은 추대 방식에 따라 완전추대, 불완전추대, 불추대종으로 구분되는데, 우리나라에서 재배되고 있는 마늘은 대부분 완전추대 종으로 5~6월경에 마늘종이 올라오며 생육이 진전됨에 따라 꽃은 퇴화되고, 주아는 형태학적으로 인편(마늘쪽)과 같은 구조로 되어 있으며, 점차 크기가 증가함
  - 마늘에서 주아는 종자는 아니고 영양체임
- ○ 품종별 주아 특성
  - 주아 특성은 품종에 따라 매우 다양한 특징을 가지고 있음
  - 1개의 마늘종(총포)에 주아 숫자 및 크기가 품종별로 다르고, 주아 채취 시기에 따라 크기 및 숫자도 달라짐
  - 남도종 및 재래종
    · 국내 재래종과 남도종은 주아 습성이 비슷한 특성이 있고, 주아 개수 및 크기는 마늘종 채취 시기에 따라 다름
    · 일반적으로 마늘종 채취 시기인 추대 후 7~10일경 마늘종을 절단 하면 0.1~0.3g의 소립주아가 20~30개 정도 생산됨

- 그러나 마늘종 절단 시기가 늦을수록 주아 무게는 증가하지만 주아 개수는 줄어드는데, 마늘종을 절단하지 않고 수확할 무렵 절단하여 주아를 채취할 경우는 주아 개수는 7~10개, 크기는 0.5g~1g 정도로 증가함
- 즉 마늘종 내에서 주아가 상호 경쟁하여 크기 및 무게는 증가하지만, 개수는 줄어듦
- 그러므로 남도종 및 재래종의 경우 대립주아 및 소립주아 생산이 가능함
- 대립주아는 마늘재배 시기와 같게 파종하면 바로 인편이 분화되어 정상적인 마늘을 생산할 수 있으나 크기는 작은 편으로 바로 상품성 있는 마늘 생산은 곤란하고, 씨 마늘로 사용할 수 있는 정도의 크기 생산이 가능함
- 크기가 작은 소립중아의 경우는 가을 늦게 밀식 파종하면 통구(단구) 생산이 가능하고, 통구를 심으면 다음에 씨마늘 및 상품성 있는 크기의 마늘이 생산될 수 있으므로 어느 방법을 선택할지에 따라 주아 채취 시기를 결정하여야 함

- 대서종
- 국내에서 많이 재배되고 있는 대서종은 주아 크기가 0.1~0.3g 내외로 작고, 주아 개수는 60~100개 정도로 많은 편이며, 크기가 작아 남도종이나 재래종처럼 마늘종 출현 후 조기에 주아를 채취하면 주아 크기가 매우 적고, 성숙이 불충분하여 발아율이 낮은 경향이 있음
- 그러므로 대서종 주아재배를 위해서는 수확 시까지 두었다가 주아를 채취하는 것이 좋음
- 대서종 주아의 크기는 남도 및 재래종의 소립주아와 비슷한 크기임
- 그러나 크기는 소립이나 이것을 재배할 경우 인편분화 특성은 남도 및 재래종과는 매우 다른 특징이 있음

- 대서종 주아는 크기는 작으나 쪽 분화 특성은 매우 발달하여 소립주아를 파종하여 통구를 생산하기가 어렵고, 통구가 생산되더라도 남도 및 재래종처럼 5~6g의 큰 통구생산은 거의 불가능하고 대부분 1~2g의 작은 통구 생산이 가능함
- 그러나 1~2g의 작은 통구라도 이것을 파종하면 다음 세대에는 인편보다는 다소 적으나 씨 마늘로 사용할 만큼 충분히 큰 인편을 가진 마늘을 생산할 수 있음

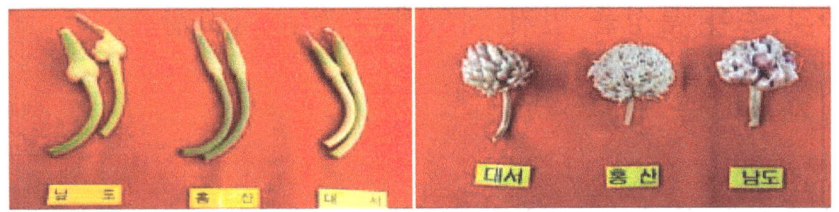

〈마늘 품종별 주아 특성〉

- 홍산마늘
 - '홍산' 마늘은 꽃피는 마늘을 이용하여 품종육성 하였는데 이 영향으로 마늘종이 매우 발달한 특성이 있음
 - 주아수는 대서종 보다도 많은 100~200개 정도 이고, 크기는 대서종과 비슷한 0.1~0.3g 정도임

〈홍산 주아〉

 - 대서종처럼 수확할 때 주아를 채취해야 하며 조기에 채취하면 주아 크기가 작고, 미성숙으로 주아 크기 및 발아율이 불량해 짐
 - '홍산' 마늘 주아의 인편분화 특성은 남도 및 재래종과 비슷한 특성이 있음
 - 즉 소립주아를 파종하면 통구생산 정도는 남도종 및 재래종과 비슷하여 5~6g의 통구 생산이 가능함
- 기타 품종
 - 마늘은 매우 다양한 품종이 있고 품종에 따라 주아 특성도 다양함

- '단영' 등 일부 품종은 불완전추대를 하여 줄기 중간에 주아가 발생하고 주아 크기도 큰 편임
- 주아 크기가 0.5g 이상 대립주아의 경우는 파종 그해에 씨 마늘로 사용이 가능할 정도의 큰 마늘 생산이 가능함

〈단영(불완전추대) 주아〉

- 마늘 주아는 품종 및 주아 채취 시기에 따라 다양하므로 마늘재배 및 주아재배를 위해서는 재배하는 마늘 품종의 주아 특성을 먼저 파악하는 것이 중요함

□ 주아 재배기술

○ 주아 준비
- 주아재배를 위해서는 먼저 주아를 준비해야 하는데 주아는 1년에 한 차례만 생산할 수 있으므로 주아재배를 계획하고 있다면 주아 채취 시기 및 방법을 미리 결정하여야 함
- 마늘 주아는 품종에 따라 다르나 보통 난지형은 4월 하순, 한지형은 5월 상중순경부터 출현함
- 그러므로 주아 채취는 이 시기에만 할 수 있으므로 파종하기 전 미리 주아 준비를 계획하는 것이 중요함

○ 주아 채취 시기 및 방법
- 주아는 크기(무게)에 따라 대립주아와 소립주아로 나눌 수 있음
- 대립주아란 마늘종 출현 후 절단하지 않고 마늘을 수확할 때까지 두었다가 수확 직전 또는 수확 후 마늘종을 채취하고 여기서 주아를 분리하는 방법으로 이때 주아는 크기 0.5g 이상의 대립주아가 형성됨
- 수확할 때까지 주아를 둔다고 하여 대립주아 또는 성숙주아라고 함
- 크기가 0.5g 이상의 대립주아는 남도 및 재래종 품종에서 생산할 수 있고, 대립주아를 파종하면 바로 씨 마늘로 사용할 정도의 마늘 생산이 가능하므로 농민들이 선호하는 방법임

- 남도나 재래종의 경우 마늘종 출현 후 7~10일경 마늘종을 절단하고 이것을 창고 등 별도의 장소에 보관하면 자체 양분으로 마늘종(총포) 안에 0.1~0.3g 작은 주아가 형성되는데 이것을 소립주아라 함
- 수확할 때까지 두지 않고 미리 절단, 채취하므로 미숙주아라고도 함
- 소립주아는 통마늘을 생산하는 주아재배 시 사용하는데 주아를 채취하여도 수량 감소가 없고, 대량의 통마늘 생산이 가능하므로 주아 재배 시 유리한 측면이 있음
- 크기나 무게에서 소립주아라 하더라도 대서종 및 홍산종은 수확할 때까지 두었다가 주아를 채취하는 것이 좋음
- 이들 품종은 주아 개수가 많아 크기가 작으므로 미숙주아로 미리 절단하여 주아를 생산하면 충실한 주아를 획득하기가 어려우므로 수확할 때까지 두는 것이 좋음
- 그러나 수확할 때까지 두어도 크기가 남도나 재래종처럼 대립주아가 되기는 품종 특성상 어려움이 있음

○ 주아 채취 및 보관
- 주아는 생육이 좋고 병해충 피해가 없는 건전 포기에서 채취해야 함
  - 마늘종은 길이가 길수록 좋은데 길이가 20cm이면 13%, 30cm이면 16% 증수되므로 마늘을 수확하기 전이나 수확 후 간이저장 중에 되도록 길게 잘라 매달아서 충분히 후숙시킨 다음 화경의 기부를 잘라 총포 상태로 망사 등에 담아 통풍이 잘되고 서늘한 곳에 보관해 두었다가 사용
  - 주아 채취 시기는 한지형이면 주아통(총포)이 출현하여 20일부터는 충실한 주아를 얻을 수 있으며 그 시기는 수확 전 5일 정도임
  - 일찍 수확하면 주아재배에 부적합한 주아 비율이 높아 비경제적임
  - 난지형(남도종)의 경우는 5월 상순에 따버리는 주아를 밭, 창고, 노변 등지에서 5~6월을 후숙시킨 후 주아재배에 사용하면 수확기에 채취하는 주아와 3g 이상 되는 종구 생산 비율은 비슷하므로 버리지 말고 이용하는 것도 바람직함

- 대서종 및 홍산종의 경우는 수확 직전 또는 수확 시 줄기를 길게 절단하여 줄기에 있는 양·수분을 최대한 주아로 이행시키는 것이 주아를 좀 더 크게 하고, 충실하게 하는 데 유리함

<마늘 주아 채취 및 건조>

- 주아 채취 후 후숙 및 건조를 잘 시켜 보관하고, 충분히 후숙 및 건조된 주아(총포)는 맑은 날 분리하여 조제하고, 크기가 비슷한 것끼리 분류하여 저장하는 것이 나중에 파종하여 균일한 크기의 통구를 생산하는 데 유리함
- 주아 조제는 맑은 날 인력으로 하여도 잘 분리가 됨
- 최근에는 주아재배 전문 농가 등 대량으로 재배하는 농가에서는 인편분리기(쪽분리기)를 이용하여 주아를 분리, 조제하면 노력을 절감할 수 있음
- 주아 보관 중에 벌레의 피해를 받으면 부패 원인이 되므로 보관 중 마늘 적용약제를 살포하여 응애나 해충으로부터 피해를 줄임

○ 파종 전 처리
- 주아 파종 전에 저온처리나 인산 칼리 용액에 적시면 인편분화를 촉진해 씨 마늘로 활용 가능한 인편 수 및 구중이 증가함
- 한지형 마늘이면 저온처리는 0.4g 이상의 주아를 5℃에서 30일간 처리하면 단구(통마늘)율이 낮아지나(인편분화 수 증가), 구 비대는 촉진됨
- 이는 품종에 따라 다르므로 주의하여야 함

· 인산칼리($K_3PO_4$)용액 처리는 0.4g 이상의 주아를 인산칼리($K_3PO_4$) 24배액(물 1L당 42g)에 10℃에서 암흑상태로 7일간 적시면 구중과 상구(우량구)율이 높아져 수량은 23% 증가하고, 종구 활용 가능 인편 수는 7% 정도 증가함
· 주아 소독은 씨 마늘 소독에 따라 실시하여 파종하면 됨

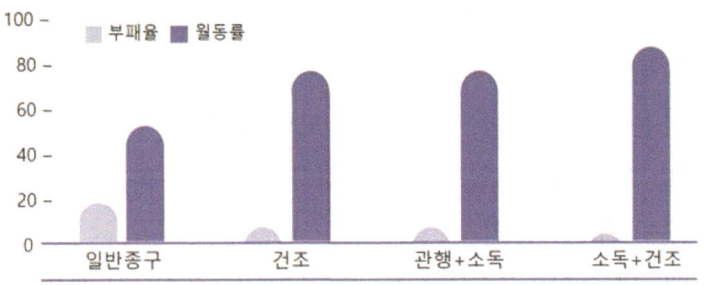

〈주아의 건조 및 소독효과〉

공시품종: 단양마늘
 - 건조: 다목적건조기(40℃) 48시간(수분함량 65%)
 - 소독: 디메토 유제 1000배액+벤레이트티 500배액 1시간 침지 후 건조

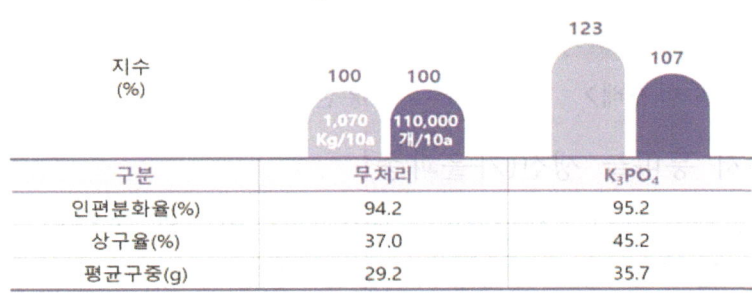

| 구분 | 무처리 | $K_3PO_4$ |
|---|---|---|
| 인편분화율(%) | 94.2 | 95.2 |
| 상구율(%) | 37.0 | 45.2 |
| 평균구중(g) | 29.2 | 35.7 |

〈남도마늘 $K_3PO_4$ 전처리 효과〉

상구: 36g 이상 되는 구, 파종일: 10월 10일, 주아크기: 0.45±0.05(g)
※처리내용: 10℃, 암상태, $K_3PO_4$ 42g/L(24배)에 7일간 처리

○ 홍산 품종 주아재배
 - 봄 파종재배
 · 대서종과 같이 봄에 파종하여 주아재배하면 통구 생산 비율은 높으나 크기가 작은 단점이 있음

- 인편분화 특성상 5~6g의 큰 통마늘 생산이 가능하나, 봄 파종에서는 큰 통구 생산이 어려워 주아재배는 봄 파종보다는 가을 파종이 더 유리함
- 다만 추운 지역에서는 주아 가을 파종 시 동해 피해가 우려된다면 피복을 철저히 하거나 봄에 파종하는 것도 가능함
- 봄 파종 시기는 지역에 따라 다르나 2월 하순부터 3월 중순까지 파종하면 됨
- 파종 방법은 흩어뿌림, 줄뿌림, 모아심기 등 다양한 방법이 있음
- 봄 파종일 때 너무 일찍 파종하면 인편분화가 일어나지만, 가을 파종보다는 적은 편임
- 너무 늦게 파종할 경우는 통구 크기가 작은 문제가 발생함

〈홍산 주아재배〉    〈홍산 통구 건조 및 저장〉

- 주아에서 통마늘 생산(가을파종)
  - 주아 특성은 크기 측면에서는 대서종과 비슷한 소립이고, 인편분화 특성은 남도종 및 재래종과 같은 경향이 있으며, 즉 대립주아 생산이 불가능하고, 소립주아로 인편분화된 씨마늘 생산이 곤란함
  - 가을 파종 주아재배법은 남도종 및 재래종과 동일한 방법으로 하면 되지만, 소립주아재배는 통구(단구) 생산을 목표로 하므로 적기보다 빨리 파종하면 인편이 2~4개 분화되는 마늘이 생산되어 통구생산 비율이 감소하고, 너무 늦게 파종할 경우는 통구 크기가 작아짐
  - 특히 한지형지대에서 파종 시기가 늦으면 겨울철 월동기에 동해 등으로 고사할 수 있으므로 지역에 맞는 파종기를 선택하여야 함

## ☐ 육묘트레이를 활용한 대서마늘 주아 파종시기 및 효과

(영농활용: 2023 경상남도농업기술원)

○ 배경
- 인편을 종구로 활용하는 마늘은 바이러스 감염, 종구퇴화 등으로 인한 생산수량 감소가 큰 문제임
- 주아를 활용한 종구갱신은 마늘 생산성을 10~15% 증수 가능
- 난지형 대표마늘인 '대서' 품종은 주당 주아수가 30개 이상으로 많고, 크기가 매우 작으며, 총포파종이 불가능한 품종으로 그 중요성에 비해 주아 재배와 관련된 재배기술이 확립되어 있지 않음
- 대서마늘 주아를 재배할 수 있는 다양한 재배기술 시도가 필요함

○ 영농기술정보 개요
- 육묘트레이를 활용한 대서마늘 주아 파종 시기 및 효과
  · 기존 관행 주아 재배 방법은 노지에 흩어뿌림이나, 줄뿌림을 시도하고 있지만, 9월 중순 육묘트레이(448구)에 주아를 파종 육묘 후 정식 시 관행 대비 묘소질이 좋아지고, 생산성이 향상하는 결과를 도출할 수 있었음

<대서마늘 주아 파종 방법에 따른 수량특성>

| 파종시기 | 파종방법 | 묘소질 | | 상품구 수량(kg/10a) | | | |
|---|---|---|---|---|---|---|---|
| | | 초장(cm) | 엽초경(mm) | 대구 | 중구 | 소구 | 합계 |
| 9월 중순 | 노지 줄뿌림 | 18.3±2.9 | 1.5±0.3 | 833.3±470.4 | 569.4±300.7 | 383.3±208.8 | 1786.1±129.2 |
| | 육묘 트레이 | 22.3±4.7 | 1.7±0.3 | 1,438.9±213.2 | 680.6±284.4 | 375.0±123.3 | 2494.4±227.7 |
| | t-test | * | ** | ns | ns | ns | ** |

* t-test, p=0.05%
* 조사일: '22. 10. 17.(묘소질), '23. 07. 13.(수량성)
* 종구크기 기준: 대구(직경 4.5cm 이상), 중구(직경 4.0cm 이상), 소구(직경 3.5cm 미만)

○ 파급효과
- 대서마늘 주아 생산성 향상 재배 방법 개발로 농가소득 향상

# 3. 고추

☐ 노지 조숙재배
  ○ 작부체계
   - 우리나라에서 가장 일반적으로 재배하는 방법으로써 중부 지방은 2월 상순, 남부 지방은 1월 하순경부터 파종, 옮겨심기, 육묘하기 시작하여 서리 피해가 없는 4월 하순부터 5월 상순 사이에 노지에 아주심기를 하여 건과용 홍고추를 생산해 내는 재배작형임
   - 최근 기후 온난화로 아주심기 시기가 빨라짐에 따라 수확 기간이 늘어나고 있음

| 월별 | 1 | | | 2 | | | 3 | | | 4 | | | 5 | | | 6 | | | 7 | | | 8 | | | 9 | | | 10 | | |
|---|---|---|---|---|---|---|---|---|---|---|---|---|---|---|---|---|---|---|---|---|---|---|---|---|---|---|---|---|---|---|
| | 상 | 중 | 하 | 상 | 중 | 하 | 상 | 중 | 하 | 상 | 중 | 하 | 상 | 중 | 하 | 상 | 중 | 하 | 상 | 중 | 하 | 상 | 중 | 하 | 상 | 중 | 하 | 상 | 중 | 하 |
| 작부시기 | ■ | — | — | ■ | — | △ | — | △ | — | — | — | — | ♠ | ♠ | — | — | — | — | ■ | ■ | ■ | ■ | ■ | ■ | ■ | | | | | |

■ 파종  △ 가식 육묘  ♠ 아주심기  ■ 수확

<노지조숙재배 재배력>

  ○ 재배기술
   - 비료 및 이랑 만들기
    · 비료량은 품종, 토양의 좋고 나쁨, 심는 묘수량, 전작물과의 관계에 따라 달라질 수 있음
    · 노지재배에서는 10a(990㎡)당 성분량으로 질소(N) 19.0kg, 인산(P) 11.2kg, 칼륨(K) 14.9kg을 표준으로 하여 인산(P)은 전량 기비로 시용, 질소(N), 칼륨(K)은 60%를 밑거름으로, 나머지 40%는 웃거름으로 시용하고, 퇴비는 완숙된 것을 3,000kg을 뿌려주되 지력 감퇴가 심하여 생육이 불량하고 병해가 심할 때는 퇴비를 증시하면 효과적임
    · 석회는 반드시 농업기술센터에서 토양분석을 한 후 시용하고, 토양 pH가 7.0 이상이면 석회 시용을 하지 않아야 하며, pH 6.5 이하의 낮은 토양에서는 농용석회나 고토석회를 10a(990㎡)당 100~200kg 시용함

- 붕소(B)는 2kg 정도를 시용하고, 퇴비와 석회 등의 밑거름을 시용하는 시기는 밭을 흙갈이 하기 2~3주 전이 좋으며 밭 전면에 골고루 뿌려주고, 화학 비료는 이랑을 만들기 7일 전에 살포함
- 밭의 흙갈이는 트랙터로 깊이갈이를 하여 작물이 자랄 수 있는 충분한 깊이를 확보하여 주어야 함
- 이랑의 넓이는 재배하고자 하는 토양의 비옥도 및 품종에 따라 달라지는데, 1열 재배는 이랑의 폭을 90~100cm, 2열 재배는 150~160cm로 함
- 최근 품종들은 가지가 많은 쪽으로 육성되어 너무 밀식 하면 병해충 방제, 수확 등 관리 작업이 불편하고, 탄저병 등의 병 발생이 증가할 수 있음
- 이랑은 높을수록 수량이 증가하고 병해 발생이 감소하므로 관리기 등을 이용하여 될 수 있는 한 이랑의 높이를 20cm 이상 만들어 주는 것이 좋으며, 이랑이 높아지면 퇴비의 양이 늘어나야 함

<이랑의 높이에 따른 수량의 변화와 역병 발생률의 차이>

| 이랑높이 | 0cm | 15cm | 30cm | 45cm |
|---|---|---|---|---|
| 수량지수 | 100 | 128 | 123 | 104 |
| 역병 발생률(%) | 17.6 | 7.8 | 5.3 | 5.2 |

<경운 깊이별 유기물 시용량에 따른 고추 수량 ('10, 충북도원)>

| 이랑높이 | 유기물 시용(ton) | 수량지수 |
|---|---|---|
| 10 | 1 | 100 |
| | 3 | 121 |
| 30 | 5 | 122 |
| 50 | 5 | 109 |

- 이랑 비닐 덮기
- 투명 PE 비닐은 흑색 PE 비닐보다 아주 심은 초기의 지온을 2~3℃ 정도 높여주지만, 흑색 PE 비닐은 고온기 때에 투명 PE 비닐보다 지온 상승을 방지할 수 있으며, 재배 중의 잡초 발생을 억제하는 효과가 있음

- 비닐의 두께는 0.02~0.03mm가 적당하며, 아주심기 3~4일 전 또는 이랑 만든 직후에 이랑 비닐을 덮어 지온을 상승시켜 아주 심을 때 모종이 스트레스를 받지 않도록 함

<피복 자재별 수량 및 잡초 발생량>

| 이랑높이 | 투명PE | 흑색PE | 투명PE | 백색PE | 무멀칭 |
|---|---|---|---|---|---|
| 수량지수 | 114 | 120 | 112 | 76 | 100 |
| 잡초 발생량(단위) | 321.6 | 133.4 | 36.7 | 3.5 | 127 |
| 적산온도(℃) | 530 | 510 | 566 | 597 | 721 |

- 아주심는및 방법
- 아주심기 시기가 가까워지면 지금까지 온상에서 알맞은 온도와 수분 조건에서 자란 모를 경화시켜야 하는데, 아주심기 1주일 전부터 실시함
- 특히 노지 조숙재배는 4월 하순경부터 조기에 아주심기를 하므로 모굳히기를 하지 않으면 저온 피해를 볼 우려가 크며, 모굳히기는 먼저 야간에 육묘상 내 보온 덮개를 걷어 주고 점차 보온 피복 비닐을 제거하고 마지막으로 하우스 측면 비닐을 걷어 올려 외부 환경과 같은 상태로 관리함
- 초기에는 외 시기 부 온도가 높다고 장시간 열어 놓으면 잎이 탈 염려가 있으므로 주의함

<정식 전 유묘 경화처리가 지제부 고사 억제효과 ('08, 원예원)>

| 이랑높이 | 투명PE | 발생률(%) | | | |
|---|---|---|---|---|---|
| | | 역강 | 거성 | 신흥 | 녹광 |
| 경화 1일 | 비닐접촉 | 14 | 16 | 16 | 18 |
| 경화 3일 | 〃 | 8 | 6 | 6 | 10 |
| 무경화 | 〃 | 24 | 30 | 24 | 26 |

- 아주심기는 마지막 서리가 내린 후 실시해야 서리나 동해 피해가 없으며, 맑은 날을 선택하도록 함
- 아주심기 전날 모판에 물을 충분히 주어야 뿌리에 상토가 잘 붙어 있어 모종을 빼내기 쉬움

- 아주심기의 심는 깊이는 온상에 심겨 있던 깊이대로 심어야 하는데 너무 깊게 심으면 줄기 부위에서 새 뿌리가 나와 뿌리내림이 늦고, 얕게 심으면 땅 표면에 뿌리가 모여 건조 피해를 받기 쉬움
- 심는 거리
- 품종, 토양의 비옥도, 수확 기간 등에 따라 달라지는데 거리가 넓을 때는 면적당 주수가 적어 초기 수량이 적고 좁을 때는 면적당 주수가 많아 초기 수량은 많으나 유인과 정지가 어려워짐
- 노지재배의 경우는 보통 10a(990㎡)당 1열 재배 시 2,770주(90cm×40cm 또는 120cm×30cm), 3,330주(100cm×30cm), 2열 재배 시 3,300주(150cm×40cm)나 재배지의 비옥도 등을 고려하여 심는 주수를 늘려주어도 좋음
- 같은 면적에 같은 주수의 고추를 심을 때에는 이랑 사이를 넓게 하고 포기 사이를 좁게 하는 것이 통풍이나 수확 및 농약살포 등 작업 관리상 유리함
- 웃거름 주기
- 고추는 본밭에서의 생육기간이 5개월 이상 되기 때문에 적당한 간격으로 나누어 비료를 주어야 비료 부족 현상이 나타나지 않음
- 웃거름을 주는 시기는 아주심은 후 25~30일 전후해서 실시하고, 비료를 주는 방법으로는 1열 재배의 경우 이랑 옆에 얕은 골을 파고 비료를 뿌린 다음 흙으로 덮어주고, 2열 재배는 멀칭한 비닐을 막대기로 포기 사이를 일정한 간격으로 뚫고 비료를 조금씩 넣어 줌
- 2차 웃거름 주는 시기는 1차 웃거름 후 30일 경과 후 실시하며, 3차 및 4차 웃거름도 30일 간격으로 실시함
- 2차 추비는 시기가 고추의 생육 중·후기에 해당하는 데 노력 절감을 위해 헛골에 비료를 살포함
- 점적관수 시설이 설치된 밭에서는 800~1,200배의 물비료를 만들어 관수와 동시에 비료를 주는 것이 효과적임

<노지조숙재배 시의 고추 표준 비료량(10a)>

| 비료명 | 총량(kg)(환산량) | 밑거름(kg) | 웃거름(kg) 1차 | 웃거름(kg) 2차 | 웃거름(kg) 3차 | 비고(kg)(성분량) |
|---|---|---|---|---|---|---|
| 퇴비 | 3,000 | 3,000 | | | | 질소 19.0<br>인산 11.2<br>칼리 14.9 |
| 요소 | 41 | 24.6 | 5 | 6 | 5.4 | |
| 용성인비 | 56 | 56 | | | | |
| 염화가리 | 25 | 15 | 3 | 4 | 3 | |
| 고토석회 | 200 | 200 | | | | |
| 붕소 | 2 | 2 | | | | |

<추비 방법에 따른 고추의 생육과 수량>

| 추비 방법 | 생체중(g/주) | 착과 수(개/주) | 수량(kg/10a) | 역병 발생률(%) |
|---|---|---|---|---|
| 고랑살포 | 897 | 75 | 283 | 5 |
| 관비 | 907 | 82 | 274 | 5 |
| 전량기비 | 956 | 106 | 295 | 13 |
| 관행추비+관수 | 1,025 | 116 | 225 | 21 |
| 관행추비 | 814 | 71 | 291 | 4 |

- 유인
  · 비바람 피해를 막기 위해서 길이 120~150cm의 대나무나 각목, 철근, 파이프 등을 일정한 간격으로 꽂고 식물체를 유인줄로 묶어 줌
  · 유인 방법에는 개별 유인과 줄 유인이 있으며, 개별 유인은 포기마다 지주를 꽂아 유인 끈으로 식물체를 묶어 주는 것이고, 줄 유인은 4~5포기 건너 지주를 꽂고 줄로 식물체를 묶어 주는 것임
  · 줄로 유인하는 것이 개별 지주를 세워 유인하는 것보다 노력이 적게 들어 편리하지만, 지주의 재료가 튼튼하지 못하면 비바람 등에 의해 쓰러질 염려가 있음
  · 이랑의 시작과 끝의 지주는 튼튼한 각목이나 파이프를 이용하고, 재배면적이 많고 밀식재배를 할 때 중간마다 튼튼한 지주를 설치하여 쓰러지지 않도록 함
  · 고추의 유인은 2~3분지 정도에서 유인 끈으로 매어 주고, 고추의 키가 큰 품종은 자람에 따라 2~3회 실시함

- 관수
  · 고추 뿌리는 겉흙에서 10cm 이내 깊이에 대부분 분포하기 때문에 토양이 건조하면 수량이 낮아지고 생육 장해를 일으킴
  · 따라서 토양수분을 적당히 유지해 줌으로써 생육 생장과 수량을 올릴 수 있음
  · 토양수분이 pF 2.0~2.5 사이일 때 관수하는 것이 적당함
  · 관수하는 방법으로는 이랑에 물을 대주는 방법과 점적관수 시설을 설치하여 관수하는 방법이 있는데 이랑 관개는 역병 재배지의 경우 역병 발병을 조장하는 경우가 있으므로 되도록 밭에서는 물과 비료를 함께 줄 수 있는 점적관수 방법을 사용하는 것이 효과적임
  · 노지 고추재배 시 자동관수 시스템(센서부, 제어부, 관수장치 및 관수 조건이 반영되는 프로그램)을 갖추어 관수하는 것이 좋음

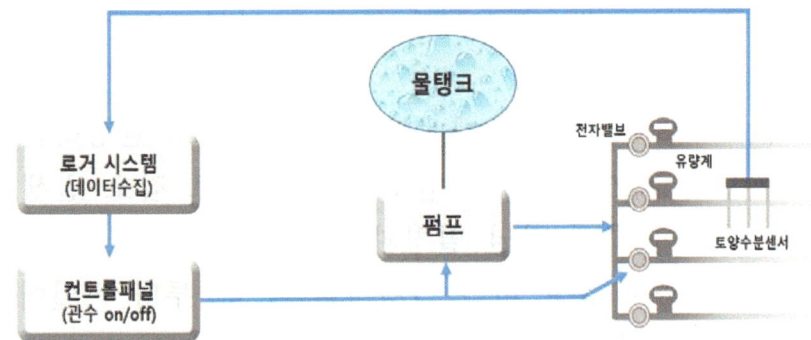

〈토양수분장력센서 이용 자동관수시스템 구성('19. 국립원예특작과학원)〉

〈노지 고추 관수 조건에 따른 생육 및 수량 비교〉

| 구분 | 초장 (cm) | 분지 수 (개) | 경경 (mm) | 뿌리 길이 (cm) | 착과 수 (개/주) | 과장 (cm) | 수량 (g/주) |
|---|---|---|---|---|---|---|---|
| 무관수 | 94.9 | 5.8 | 16.1 | 31.3 | 74.3 | 12.1 | 223(100) |
| -30kpa 5분 | 124.5 | 7.6 | 23.5 | 30.1 | 101.3 | 14.3 | 334(149) |
| -30kpa 15분 | 125.4 | 6.2 | 22.8 | 29.9 | 113.8 | 15.2 | 410(183) |
| -50kpa 5분 | 122.2 | 6.6 | 24.0 | 32.8 | 101.8 | 15.4 | 387(173) |
| -50kpa 15분 | 121.2 | 6.4 | 23.0 | 30.8 | 100.3 | 15.3 | 391(175) |

* 무관수: 자연강우, 2019. 국립원예특작과학원

- 측지 제거
  - 고추는 1차 분지점 이하에서 대체로 4~5개의 측지가 발생함
  - 노지재배의 경우 재식주수가 많아 측지 제거를 하지 않으나 측지를 방치하면 주지 분화가 늦어지고, 통풍이 불량하여 병해충 발생이 많을 수 있고 발생 시 약제 방제가 어려움
  - 측지를 제거할 때 3회에 걸쳐 제거하는 것이 과의 크기와 품질을 높일 수 있음

<측지 제거 방법별 과실 특성 및 수량>

| 측지 제거 방법 | 과장(cm) | 과경(cm) | 과육두께(mm) | 과중(g/개) | 수량(kg/10a) |
|---|---|---|---|---|---|
| 무 제거 | 10.0 | 1.86 | 1.83 | 14.4 | 380.5 |
| 1회 제거 | 10.2 | 2.02 | 2.30 | 15.8 | 271.7 |
| 2회 제거 | 10.9 | 1.95 | 1.64 | 14.6 | 286.7 |
| 3회 제거 | 11.4 | 2.18 | 2.51 | 15.3 | 354.8 |

- 제초작업
  - 노지에서 고추를 재배하면 재배면적이 넓으므로 발생하는 잡초를 일일이 손으로 제거하기는 어렵고, 일반적으로 잡초 발생 방제에 사용되는 방법이 흑색 비닐 멀칭과 제초제 사용임
  - 제초제를 사용하지 않고 비닐 멀칭만을 할 때 투명 비닐이나 백색 비닐 필름보다 흑색 비닐 멀칭이 잡초 발생량은 적었으나 적산온도는 다른 피복자재들보다 떨어짐
  - 밭 전체를 피복하면 잡초의 발생이 훨씬 줄어드나 일반 농가에서는 헛골에 웃거름을 시용하는 경우가 많으므로 두둑만을 멀칭한 후 제초제와 함께 사용하는 것이 잡초 발생을 줄이는 데 효과적임
  - 제초제의 종류는 토양 처리제와 줄기와 잎 처리제가 있음
  - 토양 처리제의 살포 시기는 잡초가 발생하기 전인 아주심기 1~2주 전이 적당함

- 사용 적량을 지켜본 밭의 땅 고르기 작업을 한 다음 토양 전면에 골고루 묻도록 살포한 다음 비닐을 피복하고 2~3일 이내에 옮겨 심도록 함
- 밭이 건조한 경우에는 약의 양을 같게 하나 물량을 늘려서 살포하면 효과적임
- 흑색 비닐로 멀칭할 경우에는 헛골에만 제초제를 살포하도록 하고, 줄기와 잎 처리제는 아주심기를 한 후 잡초가 발생하였을 때 바람이 없는 날에 잡초의 줄기와 잎에 살포하여야 하며, 살포시 고추에 묻지 않도록 주의함
- 제초제를 사용한 후에는 반드시 분무기를 깨끗한 물로 충분히 세척하도록 하며, 만약 그대로 다른 살충제나 살균제를 사용하였을 경우에는 고추에 이상 증상이 발생할 수 있으므로 주의하고, 제초제를 사용할 경우에는 사용 설명서를 충분히 읽은 후에 사용하여야 하며 용도에 알맞게 사용함

## □ 보행형 고추 터널 설치기 이용 기술 및 효과

(영농활용: 2024 국립농업과학원)

○ 배경
- 고추재배 시 생육 초기 생육 적온보다 낮아 생육이 불량함을 방지하기 위해 터널 조숙재배가 확산하고 있으나 조기 수량을 높일 수 있는 장점이 있지만, 활대 설치 및 비닐 피복 등으로 노동력이 과다하게 소요되는 단점이 있음
  * 영양 등 주산지 터널재배가 전체 포장의 45.4% 차지함
- 보온터널 설치 시 터널 활대나 활대 피복에 드는 노동력을 절감하는 기계 기술 개발이 요구됨

○ 개발된 영농기술정보
- 고추 조숙재배용 보온터널 설치기
  · 형식: 자주식보행형, 일정 간격 주행 및 정차 후 활대 관입

・크기(L×W×H): 1,000×900×900mm

<터널설치기 개념도>

<시작기 성능시험 전경>

- 시작기 고추 활대 관입 성능
 ・시작기 평균 활대 관입 및 주행속도: 0.8m/s
 ・평균 활대 간격: 83.4cm, 간격 간 평균 소요 시간: 2.57s
 ・평균 활대 관입 시간: 10s(활대 인력 수동 공급시간 포함)
○ 파급효과
 - 터널 설치 작업 노력 63.4% 및 비용 47.4% 절감
 ・노력: (관행) 8.2시간/10a → (터널설치기) 3.0시간/10a
 ・비용: (관행) 309,814원/10a → (터널설치기) 162,846원/10a

# Ⅱ. 과 수

## 1. 사과

□ 저온 피해 예방 및 대책

○ 봄철 개화기간의 저온에 의한 피해는 겨울철 언 피해와는 달리 개화기에 서리가 내리거나 영하의 온도로 내려가 꽃눈이나 꽃이 피해를 받게 됨
  - 발아 후 꽃눈상태에서는 -1.7℃ 정도의 저온으로도 피해가 발생할 수 있으며, 저온에 의한 피해 양상은 잎은 위축되고 심하면 갈변되며, 꽃의 외형은 정상이나 잘라보면 씨방은 흑변되어 있는 경우가 많음
  - 피해를 받은 과실은 과실 꼭지 부위에 동녹이 발생함
  - 저온 피해는 같은 과원 내에서도 품종 간 차이를 보이는데, '썸머킹'과 '아리수'는 '후지' 품종에 비해 약한 편임
○ 개화기에 발생하는 영하의 온도나 서리는 전정이 끝난 상태에서 꽃눈을 고사시켜 적정 착과량을 확보하지 못하게 하거나, 결실되어도 과실 모양이 기형이 되는 등 품질을 떨어뜨리게 하여 경제적 피해가 더 큼
  - 개화기에 영하의 온도나 늦서리에 의한 피해를 받은 사과원은 병해충 방제, 비배관리, 전정 등 사후관리를 철저히 하고 결실량 확보를 위하여 인공수분을 실시함
    · 중심화가 피해를 보았을 경우는 이른 시일에 측화에 인공수분을 실시함
  - 서리 상습지 과수원에서 적과는 동녹, 기형과 등 피해가 확인되는 시기에 하고 상품성이 없는 과실이라도 수세 안정을 위해 최소한의 과실은 남겨둠
○ 개화기 저온에 의한 피해를 줄이는 방법으로는 송풍법, 미세살수, 연소법 등이 있으며 최근 통로형 온풍법이 개발되어 2025년부터 신기술보급시범사업을 시작 현장에 빠르게 보급될 예정임

○ 미세살수
 - 스프링클러를 이용한 살수로 물이 얼음으로 될 때 방출되는 잠열(潛熱)을 이용하는 방법
 - 시간당 물 뿌리는 양은 4~5mm 정도가 안전함
 - 과수원 온도가 1~2℃ 되면 살수 시스템을 가동하고 일출 이후에 중단
   * 기온이 빙점일 때 살포를 중지하면 나무 온도가 기온보다 낮아 피해가 크게 될 가능성이 있으므로 중단되지 않도록 충분한 물량 확보 필요
   * (주의사항) 개화된 꽃이 물에 젖게 되면 꽃가루 부착 능력 저하 및 인공수분 후 화분 소실 우려가 있으므로, 꽃에 물이 닿지 않도록 주의
○ 송풍법
 - 철제 파이프 위에 설치된 전동 모터에 날개(fan)가 부착되어 있어 기온이 내려갈 때 모터를 가동해 송풍시키는 방법
 - 작동온도는 발아 직전에는 2℃ 전후, 개화기 이후에는 3℃ 정도에서 설정하고 여러 대가 동시에 가동되지 않도록 제어반에서 5~10초 간격을 둠
 - 가동 정지온도는 일출 이후 온도의 급변을 방지하기 위하여 설정 온도보다 1~2℃ 정도 높게 하여 줌
○ 연소법은 화재 위험성 등에 대한 사용상 주의가 필요함

□ 방화곤충 방사
○ 자연에서 꿀벌이 부족한 과원에서는 방화곤충 준비 이용
 - 기상이 불량한 곳에서는 활동력이 좋은 벌 등을 활용
○ 사과꽃이 피는 시기에 맞추어 방사
 - 방화충을 방사할 때는 과수원에 피는 잡초와 꽃을 제거해야 효과가 높음

□ 인공수분에 의한 결실률 향상
○ 방화곤충이 적은 지역이나, 개화기 저온, 강풍, 강우 등으로 곤충 활동이 곤란하거나, 서리 피해 등으로 인하여 결실량 확보가 어려울 때, 수분수가 없거나 불합리하게 심겨 있는 경우 실시함

- 인공수분 시기는 개화 후 빠를수록 좋으나 사과의 경우 중심화가 70~80% 개화한 직후가 적기임
- 1일 중 수분 시각은 오전 8시부터 오후까지 가능하지만, 오전 10시부터 오후 3~4시까지가 화분발아 및 신장에 가장 효과적임
- 건조나 바람으로 인하여 기상 조건이 좋지 않을 때는 암술 수명이 짧아지므로, 주두에 이슬이 사라진 후부터 오후 늦게까지 실시함
- 고온 건조한 기상이 지속될 때 지표면에 물을 뿌려주면 암술 수정 가능 기간이 연장되어 결실률을 높일 수 있음
- 살수 시 주의사항은 개화된 꽃이 물에 젖게 되면 주두의 분비액 농도가 희석되어 꽃가루 부착능력이 나빠질 수 있음
○ 꽃가루를 절약하기 위해 증량제를 적당량 혼합해서 사용하며 희석 비율은 꽃가루와 증량제를 1:5로 하여 잘 섞음
- 꽃가루 발아력이 떨어질 경우는 그 정도에 따라 3~4배 정도 희석하여 사용하는 것이 안전하며, 발아율 80% 이상 순수화분일 경우 15~20배를 희석하여 사용함
- 인공수분은 면봉, 귓속털이를 보통 이용하나 작업능률이 낮고, 인공수분기는 작업효율은 높지만, 꽃가루 소비량이 많은 단점이 있음
- 중심화가 만개 시에는 인공수분기를 이용하며, 중심화의 개화 초기부터 몇 번 나누어 실시하는 것이 좋음

□ 적뢰(꽃봉오리 솎기) 및 적화(꽃 솎기)
○ 적뢰 적화는 대부분 인력에 의해 이루어지므로 노동력 소요가 많고 큰 면적 재배 시 오랜 시간이 걸리게 됨
- 따라서 적과보다는 적뢰, 적화를 통하여 가능한 한 빨리 1차 결실 조절을 한 후, 과실의 발육상태를 보아 유과 형태에서 실시되는 2~3차 결실을 조절하는 것이 상품 비율을 높일 수 있음
- 특히 적뢰나 적화는 과실품질과 크기에 있어 적과보다 우수하므로 상품과 생산 증진 또는 노력 절감 등에서 유리함

- 적뢰시기: 동계전정부터 4월 초순
- 적화(꽃봉오리 또는 꽃 상태)시기: 개화 초기부터 만개기
- 적뢰 적과 시 남기는 눈
  · 3~5년생 가지에 붙은 정화아, 소질이 우수한 눈
  · 일차적으로 정화의 중심화, 화경이 굵고 긴 것
  · 개화기가 빠른 화총, 화총 내 꽃수가 많은 화총

<적화 및 적과가 과실품질 및 수체 생육에 미치는 영향>

| 구 분 | 대과 생산 비율(%) | 착색 정도 점 | 주간 비대량(cm) |
|---|---|---|---|
| 적 화 | 67.2 | 3.3 | 4.3 |
| 적 과 | 55.1 | 3.2 | 4.1 |
| 무 처리 | 21.4 | 2.6 | 3.7 |

※ 착색 좋음: 5/착색 나쁨: 0

## 병해충 방제

O 전정 후 절단 부위에 도포제를 바르지 않은 나무는 등록된 약제를 도포함
- 절단된 부위가 큰 경우에는 부란병이 발생하는 경우가 많아 절단면이 큰 부위는 도포하는 것이 좋음
- 월동 병해충 밀도가 높은 농가는 발아 전인 3월 하순에 전용 약제를 살포함
- 나무좀은 재식 후 2~4년 차 과원에 많이 가해하는데, 특히 수세가 약한 경우 피해가 심하게 되므로 예방 및 방제에 만전을 기함
  · 나무좀 피해를 예방하기 위해 3월 하순경부터 유인 트랩을 설치하여 예찰하고, 발생 밀도가 높으면 등록된 약제로 방제하며, 피해가 심한 나무는 뽑아서 소각하는 것이 좋음

# ☐ 사과원 저온피해 경감 통로형 온풍공급 기술 시범

(2025 신기술보급시범사업: 국립원예특작과학원 기술지원과)

○ 사업 목적
 - 인위적 열에너지 공급을 통한 노지 사과원 저온 피해 경감
 - 저온 피해 발생 예방, 경감을 통한 상품과율 증가 및 농가소득 안정

○ 주요 관련기술
 - 농업용 온풍기와 덕트를 이용한 노지 사과원 개화기 저온피해 경감('23, 원예원)
 - 특허명: 노지 과수원용 온풍 공급 장치(출원번호 10-2022-0137994)
 - 봄철 과수 개화기 이상저온 피해 발생 기상 특성('21, 원예원)

○ 사업규모
 - 사업비: 개소당 100백만원(국비 50%, 지방비 50%)
 - 규  모: 개소당 1.2ha 내외

○ 시범요인
 - 농업용 온풍기와 덕트를 이용한 노지 사과원 개화기 저온피해 경감
 - 내열, 내마모성 옥스퍼드 원단 적용 노지 사과원 온풍덕트 모델 적용

○ 지원내역
 - 농업용 온풍기, 옥스퍼드 또는 직조필름 원단 덕트 설치

○ 사업 대상
 - 사과 재배 작목반, 연구회, 법인, 농업경영체 등록 농업인 등
 ·과수 개화기 저온피해가 심하여 통로형 온풍공급 적용 시범효과 파급이 기대되는 단지
 ·평탄한 과원 및 재식열 고른 곳에 설치 권장

○ 기대효과
 - 과수 봄철 저온피해 경감을 위한 실용적 적용기술 개발
 - 저온 피해 발생 예방, 경감을 통한 상품과율 증가 및 농가 소득 안정

## ☐ 농업인 누구나 '농업기상재해 조기경보서비스' 이용

(보도자료: 2024.08.21. 농촌진흥청)

○ 농촌진흥청은 2024년 9월부터 '농업기상재해 조기경보서비스'를 지역주민, 농업인 등 누구나 회원가입 없이 이용할 수 있도록 개방함
○ 농업기상재해 조기경보서비스는 기상청이 제공하는 동네예보(5×5km) 정보를 재분석하여 농장 단위(30×30m)로 맞춤형 기상재해 정보와 대응 지침을 제공하는 서비스임
○ 농촌진흥청은 회원가입 없이도 인터넷 포털에서 '농업기상재해 조기경보서비스'를 검색하여 서비스에 접속하면 필지 단위로 개별 농장의 기상정보, 재해예측정보를 확인할 수 있음
 - 문자나 알림 서비스를 받고 싶은 사람은 회원가입하고 신청하면 됨
○ 농촌진흥청은 서비스 이용자 만족도가 86.6%로 높았다고 밝히면서 전국으로 확대 적용하면 농업재해 피해가 10% 줄어 연간 약 1,514.7억 원을 절감할 수 있을 것으로 예상하고 있음
○ 농촌진흥청은 "2025년 말까지 전국 155개 시군으로 서비스를 확대하고, 서비스의 정확도를 높이는 기술개발과 더불어 농협 등 민간에도 공개 에이피아이(오픈 API)로 정보를 개방해 서비스 이용률을 대폭 높이는 등 농업인이 미리 재해에 대비할 수 있도록 시스템을 개선할 계획이다."라고 밝혔음

### 농업기상재해 조기경보서비스 개요

○ 추진 배경
 - 이상기상 상시화로, 기상재해를 예측·예방하는 위험 관리 체계 필요
  * 기상재해 관리: 위기관리(사후 복구 중심) → 위험 관리(사전 예방 중심)
○ 추진 현황
 - 농장 단위의 상세 기상 및 작물 재해 예측 기술 개발
  · 기상청 동네예보$^{(5km×5, 읍면 규모)}$ → 농진청 농장 단위$^{(30m×30)}$ 상세 예보

* 기상요소(11종): 최고기온, 최저기온, 강수량, 일사량, 일조시간, 최대풍속, 평균풍속, 상대습도, 증발산량, 초상온도, 지중온도
* 재해(15종): 동해, 저온해, 일소, 저온장해, 고온장해, 수정불량, 수발아, 풍해, 한풍해, 건조풍해, 수해, 냉해, 일조부족, 가뭄해, 습해

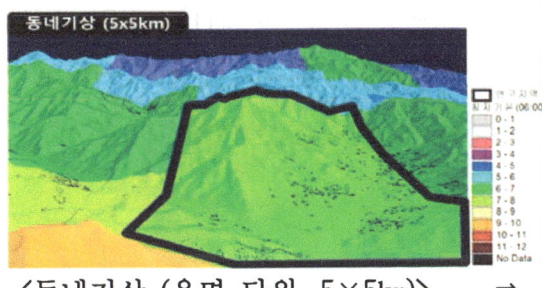 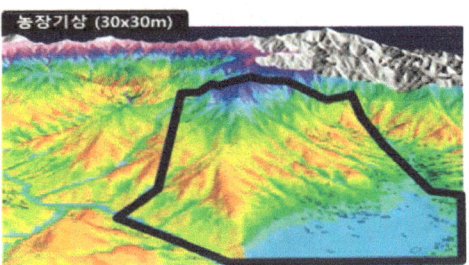

〈동네기상 (읍면 단위, 5×5km)〉 ⇒ 〈농장기상 (농장 단위, 30×30m)〉

※ 서비스 대상 지역: 155개 시·군[농업기술센터가 있는 지역(156개)에서 울릉도 제외]
- 서비스 내용: 기상(11종)·재해(15종) 예측정보, 대응지침(사전·즉시·사후)
· 대상작물: ('19) 30개 작물 → ('20) 32 → ('22) 38 → ('24. 8) 40
  * 작물(40): 사과, 배, 단감, 복숭아, 매실, 포도, 참다래, 벼, 보리, 옥수수, 감자, 콩, 고구마, 배추, 고추, 무, 마늘, 양파, 인삼, 녹차, 오미자, 수박, 블루베리, 복분자, 오디, 참깨, 들깨, 땅콩, 유채, 수수, 자두, 팥, 유자, 대파, 밀, 무화과, 살구, 당근, 생강, 메밀
- 서비스 방법: 인터넷(https://agmet.kr), 모바일(문자, 웹, 알림톡)
  * 온도관련 기상·재해는 최대 9일까지, 그 외는 3일까지 예측정보 제공

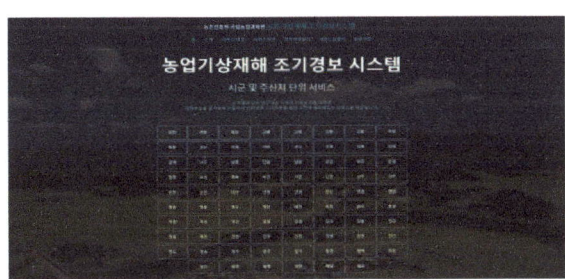 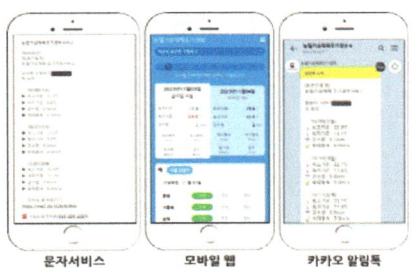

〈인터넷 서비스 메인화면(https://agmet.kr)〉   〈모바일 서비스〉

○ 향후계획
- '25년 말까지 전국 155개 시군으로 조기경보 서비스 확대
  * 작목: ('23) 40종 → ('24) 42 → ('25) 44 → ('26) 47 → ('27) 50

# 일반 농가(비회원) 조기경보서비스 이용 안내

○ 모바일 웹 서비스 (https://mobile.agmet.kr)
- 모바일 서비스 접속 → 위치정보 제공 동의(현 위치, 주소 변경 가능) → 재배 작물(사과, 배 등 40종) 선택 → 최대 +9일 동안의 농장 맞춤형 '기상', '영농달력(생육단계)', '재해' 내용 확인

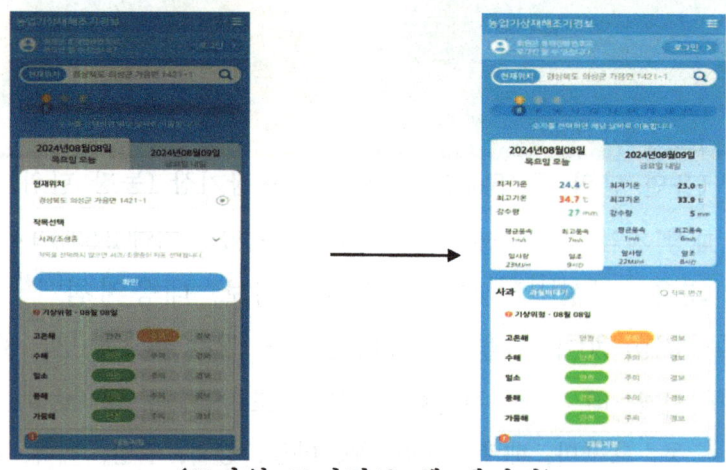

<모바일 조기경보 웹 페이지>

○ PC 웹 서비스 (https://agmet.kr)
- 시군별 조기경보 서비스 접속 → 주소 검색 혹은 지도 내의 지점 클릭 → 원하는 '농장날씨', '영농달력(생육단계)', '농장재해' 요소를 선택하여 내용 확인

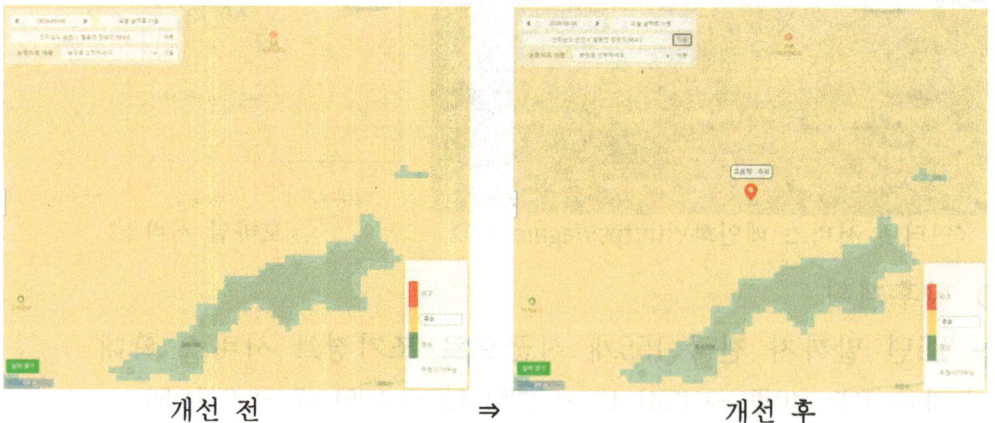

개선 전 ⇒ 개선 후

☐ 사과·배꽃 활짝 피면 과수화상병 방제 약제 2회 이상 살포

(보도자료: 2024.04.12. 농촌진흥청)

○ 농촌진흥청은 전국 사과, 배 재배 농가를 대상으로 '과수화상병 예측 서비스(https://fireblight.org)'를 참고해 제때 예방 약제를 살포할 것을 당부했음
○ 농가에서는 과수화상병 예측 서비스나 농촌진흥청 또는 시군 농업기술센터가 발송하는 알림 문자를 참고해 꽃 감염 위험도를 확인함
 - 꽃 감염 위험도가 '위험' 혹은 '매우 위험' 단계라는 경고가 표시되면 24시간 안에 약제를 살포해야 방제 효과를 높일 수 있음

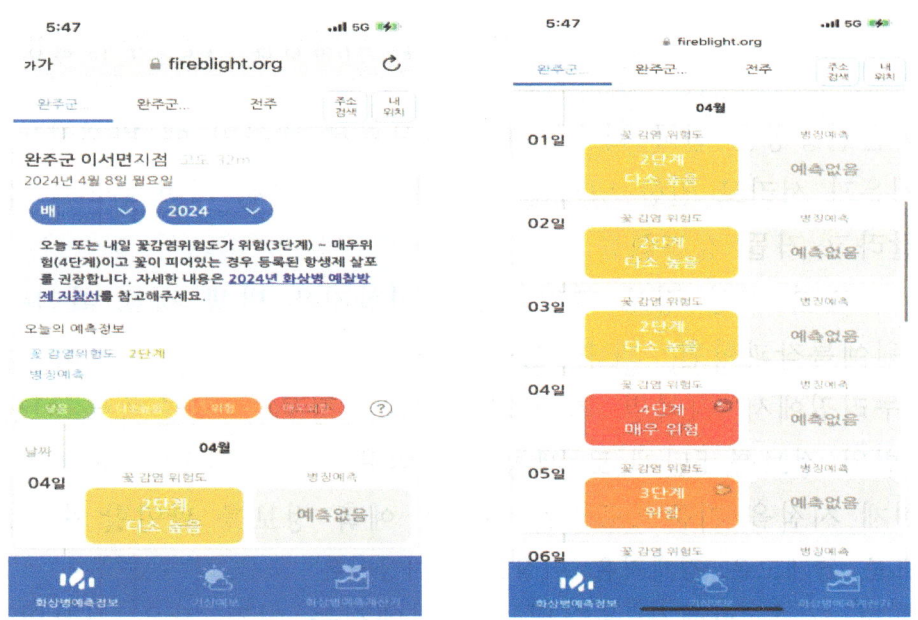

〈과수화상병 예측 서비스 화면〉

○ 과수화상병 예측 서비스는 날씨 자료(데이터)를 기반으로 과수화상병 감염 위험이 큰 시기를 예측해 알맞은 약제 살포 시기를 안내하고 있음

○ 온라인 정보 검색이 어렵거나 알림 문자 수신에 동의하지 않은 농가에는 과수원 꽃이 절반 정도 피었을 때부터 5~7일 간격으로 약제 살포를 권장하고 있음
○ 농촌진흥청은 "과수화상병 예측 서비스 정확도를 높이고 예방 효과가 우수한 약제 선발 연구에 매진하고 있다."라고 밝혔음
 - 또한 "과수화상병 피해를 최소화하기 위해서는 개화기 적기 방제, 빈틈없는 예방관찰(예찰)과 과수화상병 의심 증상을 발견했을 때 빠른 신고, 농작업 도구 소독 등 예방수칙을 반드시 지켜야 한다."라며 "봄철 이상저온으로 발생할 수 있는 냉해도 예방할 수 있도록 사전에 철저히 준비해야 한다."라고 강조했음

☐ 과수농가, 개화기 저온·서리 대비 철저…피해경감 시설 적극 활용해야

(보도자료: 2024.03.25. 농촌진흥청)

○ 농촌진흥청은 전국 과수농가를 대상으로 개화기 때 발생하는 이상저온과 서리로 인한 냉해를 최소화하도록 사전 대비 관리를 강화해 달라고 거듭 강조했음
 △ 내 지역 기상 정보 파악, 과거 이상저온 발생 정보 확인= 국립원예특작과학원 '과수 생육·품질 관리 시스템(fruit.nihhs.go.kr)' 누리집에서 지역별 최저·최고 기온 정보를 기준으로 이상기상 범위 정보를 5단계*로 제공하고 있음
 - 현재 시점을 기준으로 9일 이후의 예측 정보를 확인할 수 있음
  * 표준, 경계고온, 경계저온, 이상고온, 이상저온
 - 특히, 저온 피해가 우려되는 농가에서는 이전 같은 기간의 기온 정보를 찾아보고, 이상기온 경고가 연속 2일 발생했다면 사전에 철저히 대비함
 △ 저온·서리 피해경감 시설을 즉시 활용할 수 있도록 점검= 봄철 저온 발생이 잦은 지역의 과수원에서는 미세 살수장치, 방상팬 등 피해경감 시설 점검을 마쳐야 함

- 연소 자재를 태워 과수원 내부 온도를 높이는 연소법을 활용할 농가에서는 미리 연소 자재를 준비하고, 화재 예방 안전 관리 요령을 충분히 익힘

△ 저온 대비 배, 사과 인공수분 요령 미리 숙지= 배꽃이 핀 시기에 저온 경보가 발령하거나 비 예보가 있으면 인공수분 작업을 서두르고 열매솎기 일정을 늦춰 착과량을 최대한 확보함

○ 배꽃보다 늦게 피는 사과꽃은 중심에 있는 꽃(중심화)보다는 가지 옆에 있는 꽃(측화)이 저온에 강한 편임
 - 사과꽃이 피어있는 동안 저온이 우려되면 측화에도 인공수분을 함
 - 꽃가루 운반 곤충은 인공수분 실시 7~10일 전에 과수원에 투입함
 · 이때 다른 꽃은 제거해 원활한 수분 활동을 도움
○ 이 밖에도 과수원 바닥의 잡초를 제거해 지열을 확보함
 - 과수화상병 1차 방제 시기에 맞춰 요소 0.3%(1.5kg/500L)와 붕산 0.1%(0.5kg/500L)를 섞어 살포하면 과수의 내한성을 높일 수 있음
○ 배 영양제 살포 적기는 '발아기~발아기와 전엽기 사이'* 임
 * 발아기: 인편이 1~2mm 정도 밀려나온 눈이 40~50%인 상태
   전엽기: 화총엽이 펴지는 시기로 녹엽이 인편 위 10mm까지 나온 상태
○ 사과 영양제 살포 적기는 '발아기~녹색기*'임
 * 녹색기: 발아기 이후 잎이 펴지기 전
○ 농촌진흥청 농촌지원국은 "'농업 기상재해 조기 경보시스템'에 등록된 농가를 대상으로 기상 정보와 품목별 관리 요령을 제공하고 있다."라며 "영농현장에서도 기상 정보에 관심을 기울이고 저온 피해를 줄일 수 있는 관리 요령을 실천해 주길 바란다."라고 당부했음

# 2. 배

## ☐ 저온(서리) 피해

○ 피해 기상 여건
  - 낮 최고 온도가 20℃ 이상일 때는 거의 서리가 내리지 않음
    · 2~3일 전에 비가 오고, 낮 최고 온도가 18℃ 이하일 때
    · 오후 6시의 기온이 7℃, 9시의 기온이 4℃ 정도이며
    · 온도가 시간당 1℃ 정도씩 저하되고 바람이 불지 않으면 다음 날 아침에 서리가 내릴 확률이 높음
  - 바람이 불지 않을 때 수체 온도는 기온보다 2℃ 정도 낮아 서리 피해를 받기 쉬우나 초속 2m 이상으로 바람이 불면 기온과 수체 온도가 비슷해지며, 이때는 서리피해 발생은 적음

○ 피해 양상
  - 저온 피해는 발육단계에 따라 차이가 있으며, 개화 전까지는 내한성이 비교적 강하나 개화 직전부터 낙화 후 1주일까지 가장 약하고, 낙화 후 10일이 지나 잎이 피면 저온 피해가 적음
  - 개화기 전후에 피해를 심하게 받으면 꽃잎은 죽지 않더라도 암술머리와 배주가 얼어 죽어 검은색으로 변하며, 수분과 수정이 되지 않아 결실이 안 됨
  - 어린 과실이 피해를 받으면 꽃받침 가까운 부분의 표피가 가락지 모양으로 둥글게 얼어 죽으며, 심하면 죽은 부분의 생육이 불량하여 기형과가 됨

서리 피해화    정상화    피해과    정상과

〈개화기 및 유과기의 서리피해〉

<발육 정도별 서리피해 받는 위험 한계온도>

| 발 육 정 도 | 위험한계 온도 | 비 고 |
|---|---|---|
| 꽃봉오리가 화총 안에 있을 때 | -3.5℃ | 30분 이상 되면 위험 |
| 꽃봉오리가 끝이 엷은 분홍색일 때 | -2.8℃ | |
| 꽃봉오리가 백색일 때 | -2.2℃ | |
| 개화 직전 | -1.9℃ | |
| 만개기, 낙화기, 낙화 10일 후 유과 | -1.7℃ | |

○ 대책
 - 품종에 따라 생육기가 차이가 있어 생육이 빠른 품종이 저온피해를 받기 쉬우며 우리나라 주품종인 '신고'는 개화기가 빨라 다른 품종에 비해 피해를 많이 받고 있음
 - 지하수가 충분하고 살수장치가 완비된 과원에서는 지표면에 살수하는 방법과 수관상부에서 나무 전체에 살수하는 두 가지 방법이 있음
 ・이 방법은 해가 뜨기 전에 중단하면 더 큰 피해를 받음
 ・개화기 전·후는 작동온도를 1℃ 전후로 설정하고 일출 이후 온도가 회복되었을 때 정지함
 ・스프링클러를 이용한 살수법은 서리 피해 방지에는 효과적이나 설치비용이 많이 들고, 물이 한꺼번에 많이 소요되는 단점이 있어 최근에는 물을 절약하기 위해 포그시스템 기술이 개발되었음

□ 인공수분
○ 개화기에 고온, 건조하거나 저온, 잦은 강우 등으로 화분 매개 곤충 활동이 떨어지거나 '신고' 단일품종으로 재배하면 결실 불량이 되기 쉬움
 - 이처럼 환경적 악조건으로 인해 자연 수분이 어렵다면, 안정적 착과와 고품질 과실 생산을 위해 인공수분을 함
○ 인공수분 적기
 - 배꽃의 수정 능력은 개화 당일부터 약 4일까지이나 개화기에 28~30℃ 고온, 습도 30% 미만 조건에서는 암술 수정 능력이 1일 정도로 단축되므로 조기에 인공수분을 해야 함

- 실시 시기는 배꽃이 40~80% 피었을 때 1화총에서 3~5번화 암술머리에 꽃가루를 묻혀주며, 하루 중 오전 8시부터 오후 늦게까지 할 수 있으나, 화분관은 고온에서 잘 신장되므로 오전에 하는 것이 유리함

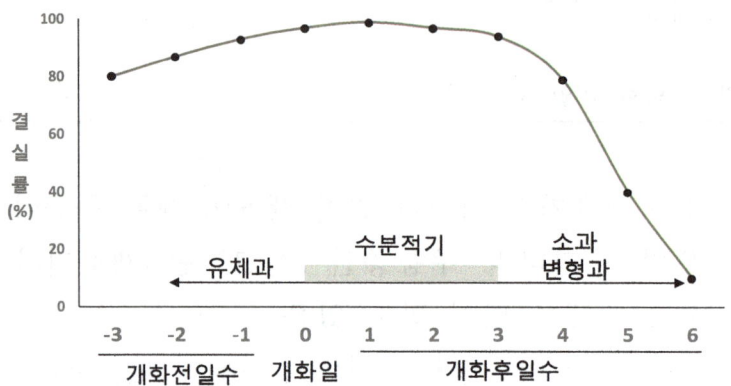

<수분 시기에 따른 결실률 (일반적인 기상 조건인 경우)>

- 수분 시기가 너무 빠르면 꽃받침이 떨어지지 않는 유체과 발생이 많으며, 너무 늦으면 과실이 적고 과형이 비뚤어지는 기형과 발생이 많아짐

<건조한 기상에서의 개화 후 일수별 개약률 및 인공수분 효과>

| 구 분 | 인공수분 시기 | | | | |
|---|---|---|---|---|---|
| | 당일~1일 후 | 1~2일 후 | 2~3일 후 | 3~4일 후 | 4~5일 후 |
| 착과율(%) | 100 | 85 | 77 | 38 | 20 |
| 개약률(%) | 86.5 | 97.7 | 100 | - | - |

○ 인공수분 방법
- 면봉, 붓, 수동식 또는 전동식 분사기 등을 이용하여 꽃가루를 암술머리에 묻혀줌
 · 날씨가 맑으면 분사기를 활용하는 것이 좋고, 비가 오면 면봉을 사용하는 것이 바람직함
 · 면봉을 사용할 때는 꽃가루를 작은 병에 넣고 면봉에 묻혀 사용하며, 1회 묻힐 때 20~30회의 수분이 가능함
 · 분사기를 사용하면 작업시간은 단축되나 꽃가루 소모가 많음

## ☐ '배 검은별무늬병' 방제 철저 당부

(보도자료: 2024.04.30. 농촌진흥청)

○ 농촌진흥청은 배 검은별무늬병 확산을 막고 안정적인 수확량 확보를 위해 철저한 방제를 당부했음
○ 배나무 병 가운데 심각하게 여겨지는 검은별무늬병(흑성병)은 꽃이 수정돼 열매가 되는 생육 초기부터 배에 봉지를 씌울 무렵까지 발생해 농가에 큰 피해를 줌
 - 열매 자루에 병이 들면 열매가 자라면서 병든 부분이 부러지기 쉬워짐
 - 병든 열매는 표면에 병 흔적*이 남아 상품성도 떨어짐
  * 열매 표면이 검게 오목하거나 상처가 아물 때 생기는 딱지 증상
○ 검은별무늬병은 보통 15~25도(℃)에서 잎 뒷면이나 열매 표면에 비나 안개로 생긴 물방울이 9~10시간 맺혀 있을 때 발생함
○ 병원균 추가 확산을 막으려면 열매솎기할 때 병든 열매를 함께 솎고 작물보호제를 꼼꼼히 뿌려야 함
○ 보통 예방 효과가 있는 작물보호제는 비가 오기 전, 치료와 예방 효과가 있는 작물보호제는 비가 내린 뒤 살포해야 효과적임
○ 작물보호제 적정 사용량은 10아르(a)당 약 200~300리터(L)임
 - 약제를 줄 때 잎과 열매가 함께 있는 짧은 가지를 솎아주면 잎과 열매에 약제가 더 잘 부착돼 방제 효과를 높일 수 있음
○ 약제저항성 문제를 방지하기 위해 같은 계통의 작물보호제를 연속해서 사용하지 않아야 함
 - 작물보호제 구분기호 '사1', '다3'에 포함되는 약제는 1년에 3회 이하로 사용할 것을 권함
○ 농촌진흥청 국립원예특작과학원은 "꽃이 핀 뒤 잦은 비가 내리면 검은별무늬병 등 병이 발생한다 라며, 농가에서는 열매가 달린 상태를 확인하고 열매솎기를 시작하는 동시에 병든 열매 제거와 방제에도 신경 써 주길 바란다."라고 강조했음

## 배 검은별무늬병 증상

검은별무늬병에 걸린 어린 배

검은별무늬병에 걸린 배 잎자루(초기)

검은별무늬병에 걸린 배의 잎(초기)

배 잎자루에 나타난 검은별무늬병 증상

검은별무늬병에 걸린 배(수확기)

## ☐ 배나무 생육 시기별 화상병 증상

(자료: 국립농업과학원)

○ 과수화상병은 식물병원세균인 Erwinia amylovora 가 사과, 배 등 장미과 기주에 감염하여 발생하는 식물병임
 - 꽃, 잎, 가지, 줄기, 열매 등의 조직이 불에 탄 듯 흑갈색으로 마르고, 나무의 줄기나 가지에 궤양을 형성하는 특징을 보이며, 증상이 악화되면 과수 전체를 고사시킬 수 있음
○ 과수화상병 발병 주기
 - 봄: 감염된 가지의 궤양에서 월동한 병원균이 활성화되어 세균액을 형성하며, 비, 바람, 곤충, 농작업 등에 의해 건전한 나무의 꽃 또는 신초를 감염함
 - 여름: 다습하고 강수량이 많은 늦봄에서 초여름 기간 병원균의 활성이 활발해지고, 병 발생이 확산됨
 - 가을: 주로 가을 가지치기를 통하여 병원체가 다른 나무로 퍼져 나가며, 감염된 새로운 가지와 줄기에 궤양이 형성됨
 - 겨울: 온도가 낮아지면 병원균의 활력이 떨어지며, 오래된 가지, 죽은 식물, 식물의 궤양에서 월동함

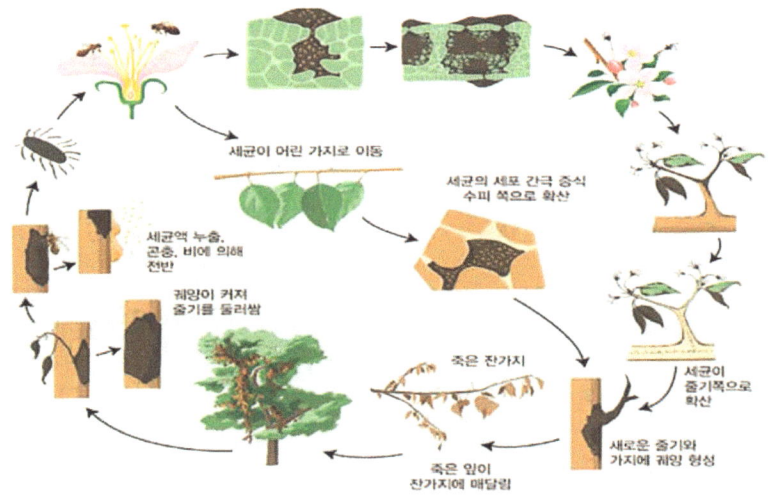

〈과수화상병 병환〉

○ 생육 시기별 화상병 증상
 - 물오름기 (3~4월)

<세균액이 누출되어 나무 껍질이 젖음 >

 - 개화기(5월)

< 배꽃 초기 증상 >     <감염 꽃이 검게 변함>

 - 생육 전기(5~6월)

<가지 윗부분부터 마르기 시작 >     <세균 분출액 갈색으로 변함>

<가지가 수침 증상을 보임>

<궤양을 형성함(화살표)>

- 생육 중기(6~8월)

<잎이 검게 마르고 갈고리 형태로 휨>

<잎 전체로 확장된 증상>

- 생육 후기(9~11월)

<표피를 벗길 경우 갈변되어 있음>

<감염된 잎이 가지에 붙어 있음>

## 3. 복숭아

□ 꽃봉오리솎기(적뢰), 꽃솎기(적화)
  ○ 새로 발생된 잎의 광합성으로 생산된 동화양분이나 시비 질소가 본격적으로 이용되는 것은 만개 후 30일 이후임
  ○ 그 사이 잎눈의 발아, 신초의 전개와 신장, 개화·결실에 이용되는 양분은 오로지 저장양분에 의존하고 있음
  ○ 좋은 과실을 생산하기 위해서는 꽃봉오리솎기와 꽃솎기 작업을 함
  - 이는 불필요한 개화·결실로 인한 저장양분 소모를 막아 신초 생장과 과실 발육이 잘되도록 하기 위한 것임
  - 불필요한 꽃이나 과실을 조기에 제거해주면 양분 소모를 줄이고 투입되는 노동력도 분산할 수 있음
  - 열매솎기 작업 시 복숭아 털 때문에 어려움이 발생하기도 하므로 꽃눈, 꽃봉오리, 꽃솎기를 통하여 노력분산의 효과도 높일 수 있음
  - 이 작업의 목적은 착과량 조절에 의한 대과 생산, 나무 세력 조절에 의한 해거리(격년결과) 방지, 착색 증진, 과실 균일도 증진, 적당한 과실 간격 유지로 병해충 방제 효율 증진 등임

□ 꽃봉오리솎기(摘蕾) 작업 시기
  ○ 개화 전이면 어느 때라도 좋으나 작업 능률을 고려할 때 꽃봉오리 끝이 붉은 기를 띄고 콩알만큼 되었을 때가 적기임
  - 만개 전 1~2주 전이 가장 적당하며 꽃봉오리가 쉽게 떨어지므로 능률적임
  ○ 우리나라 복숭아 과원의 일반적인 결실관리 방법은 착과 후 적과임
  - 적과 노력을 줄이고 대과 생산을 위한 결실관리 방법으로는 꽃봉오리솎기나 꽃솎기가 더욱 바람직함
  ○ 근래의 전정은 꽃눈 수를 많이 남기는 약전정으로 가고 있으므로 대과 생산이 가능한 꽃봉오리솎기나 꽃 솎기가 필요함

## ❏ 꽃봉오리솎기 작업 방법

○ 꽃가루가 많아 착과량이 많은 품종은 전체 꽃봉오리의 70~80%를 솎아주고, 화분이 없는 품종은 50~60% 정도를 솎음
○ 장과지나 중과지는 한쪽 손으로 결과지를 잡고 다른 손으로 불필요한 꽃눈을 위에서 아래로 가볍게 훑어 내림
○ 단과지는 선단부 1~2개 꽃봉오리만 남기고 끝으로 비비듯이 따줌
○ 단과지가 많아 봉오리 솎기에 힘이 많이 들 때 개화기 꽃따기로 결실조절
○ 결과지를 엄지손가락과 둘째손가락에 가볍게 끼고 윗면과 아랫면만을 위에서 아래쪽으로 훑어주면 엽아와 양측의 꽃봉오리만 남게 되어 적뢰 효과를 얻을 수 있음
○ 대체로 장과지는 중앙에서 약간 선단쪽으로 3~4개의 꽃봉오리를, 단과지는 선단부에 1~2개의 꽃봉오리만을 남김

## ❏ 꽃봉오리솎기 작업 효과

○ 과실초기 비대를 촉진
 - 꽃봉오리솎기는 과실 초기 비대를 촉진하여 더 큰 대과를 생산할 수 있음
 - 초기 비대는 세포분열에 의한 과실 세포 수 증가로 과실을 비대시키고, 성숙 기간을 짧게 하여 최종적인 과실 크기에 미치는 영향이 매우 큼
○ 신초 생육을 촉진
 - 꽃봉오리솎기는 과실 비대뿐만 아니라 신초 생장도 촉진해 전엽 초기부터 잎 생장을 충실하게 하여 엽면적을 조기에 확보할 수 있음
 - 신초 생장이 충실하면 양분전환기(만개 후 35~40일경)에 수체영양이 저장양분에서 동화양분으로 순조롭게 이행되어 과실비대를 보다 촉진함

○ 열매솎기(적과) 노력을 분산
 - 열매솎기는 짧은 기간 내 많은 인력이 집중적으로 필요한 작업이나 이 시기는 농번기로 다른 농작업과 겹쳐 적기에 실시하지 못하는 경우가 많음
 - 일찍 꽃봉오리솎기 또는 꽃솎기 작업을 시행하면 이러한 열매솎기 노력을 분산시켜 당시에 열매솎기하는 것보다 효율적으로 결실량을 조절할 수 있음
   · 따라서 꽃봉오리솎기 작업은 전체 결실관리 노력을 절감시키는 효과가 있음

□ 꽃솎기는 꽃봉오리솎기의 보조 작업임을 유의
 ○ 꽃솎기는 꽃봉오리솎기 시기를 놓치거나 빠뜨렸을 때 실시하는 꽃봉오리솎기 보조 작업임
  - 꽃봉오리솎기와 같이 한 번에 많은 꽃을 훑어내면 잎눈이 상하게 되므로 비스듬히 위로 향한 꽃을 1개씩 주의해서 떨어뜨림
  - 손가락으로 옆으로 밀어서 간단하게 떨어뜨릴 수 있으며 꽃 솎기 정도나 남기는 위치 등은 꽃봉오리솎기와 같음

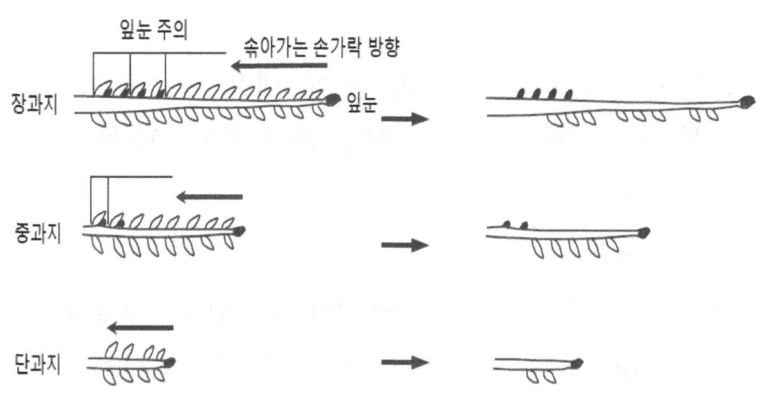

〈꽃봉오리솎기 방법〉

## ☐ 교미교란 실리콘 방출기 이용 천공성 나방 관리기술 시범

(2025 신기술보급시범사업: 국립원예특작과학원 기술지원과)

○ 사업 목적
 - 나방류 교미교란용 방출기 현장보급을 통한 친환경 해충관리 기술 적용
 - 기존 수입 의존 해충 교미교란 방출기의 국산화 및 고도화를 통한 과수 안정생산 기술 시범

○ 주요 관련기술
 - 교미교란제 실리콘 방출기를 이용한 해충관리 기술('23, 원예원)
 - 복숭아순나방 방제용 교미교란제의 효과적인 설치시기('18, 원예원)
 - 복숭아 수출단지 심식나방류 방제를 위한 교미교란제 지원('17, 경북농기원)
 - 복숭아원 복숭아순나방 방제를 위한 교미교란제 사용법('10, 경북농기원)

○ 사업규모
 - 사업비: 개소당 20백만원(국비 50%, 지방비 50%)
 - 규  모: 개소당 2.0ha 내외

○ 시범요인
 - 나방류 교미교란을 통한 과수 신초 및 과실 피해경감 효과
 - 대단위 단지 공동 설치를 통한 주변과원 피해 예방 및 효과 극대화

○ 지원내역
 - 실리콘 교미교란제(순나방, 심식나방 2종) 보급

○ 기대효과
 - 기존 페로몬 방출기의 국산화 및 안정성 개선을 위한 개발방향 제시
 * (기존)일본 수입의존 → (개선)국산 소재화, 기술가치평가액 338백만원/연(농진청, 2023)
 - 해충 교미교란제 보급을 통한 농가소득 증대 및 안정수급 기여
 * 사과원 월동나방 신초 피해율 12% 경감, 수확기 과실 피해율 8% 경감
 - 기존 화학적 방제법에서 탈피한 환경친화적 해충관리방안 제공
 * 사과원 나방류 농약살포 1회 이상 저감 가능

# 4. 포 도

## ☐ 발아(샤인머스켓)

- 포도눈 발아는 최아 → 발아 → 전엽 → 출수기의 과정으로 진행하고, 눈이 부풀어 오르면서 인편이 벗겨지고 갈색으로 변하면서 연한 붉은색이 눈에 약 10~20%가 되었을 때 발아기임
- 발아율은 한 해 농사를 예측할 수 있는 지표로서 건강한 나무의 열매어미가지 발아율은 95% 이상임
- 발아기에는 포도잎이 없으므로 필요한 양분은 가지나 뿌리 등에 축적된 저장 양분을 이용할 뿐만 아니라 전엽 6~7매까지도 저장 양분에 의존함
- 포도나무 발아율은 봄철 강우와 밀접한 관계가 있으므로 물을 주기 시작하는 3월 상순경부터 주기적으로 물을 주어 적정 토양수분 유지

## ☐ 새 가지 솎기

- 지역에 따라 약간 차이는 있으나 4월 중·하순에 발아를 시작하여 열매어미가지 한 눈에서 일반적으로 2개 정도 새 가지가 발생하고, 이들 이외에도 3년 이상 가지에서도 숨은 눈(잠아)이 발아함
  - 숨은 눈에서 발생한 새 가지는 꽃송이 발생률이 낮아 양분소비를 막기 위해 일찍 솎아내고, 하나의 측지에서 두 개의 열매어미가지가 있으면 아래쪽 하나만 남기고 자름
  - 솎아내는 새 가지의 기준은 아주 약한 것, 지나치게 웃자란 것을 솎아내고, 특히 세 번째 눈에서 발생한 것은 열매 달리는 위치가 올라가므로 솎아냄
  - 또한 새 가지 솎기는 한 번에 하는 것이 아니라 꽃송이 여부, 새 가지 위치, 남겨야 할 새 가지 수 등을 고려해 2~3회 나누어야 함

- 단초전정 할 때 눈을 2개 남기면 불필요한 눈솎기 노력을 절감할 수 있으며, 나무의 발아 상황을 고려해 주지 끝부분과 주간 부위에서 강하게 자라는 신초를 솎아내면 신초의 세력을 비교적 균일하게 유지할 수 있음

## 휴면병

○ 증상
- 발아기가 되어도 눈이 트지 않거나 눈이 트더라도 새 가지가 잘 자라지 않으며, 심한 경우 원줄기 또는 원가지가 갈라져서 지상부가 고사함
- 이러한 증상은 재식 후 2~3년째 어린나무에 잘 나타나므로 3년병으로 불리기도 함

○ 발생원인
- 포도나무 사이의 거리가 너무 좁거나, 질소질 비료를 많이 주어 새 가지가 웃자라거나 늦게까지 생장하여 수체 내 탄수화물 부족으로 발생
- 겨울철 -10.0℃ 이하 저온 일수가 2월 이후에 많고, 1월 중순부터 2월 하순까지 건조하면 가지 내 수분함량 부족으로 내한성이 떨어짐

○ 방지대책
- 질소를 너무 많이 주었거나 열매를 지나치게 많이 달았던 나무에 쉽게 나타나므로 새 가지가 늦게까지 자라지 않도록 해야 함
- 8월 중·하순 무렵에도 새 가지가 계속 자랄 때는 끝부분을 순지르기해 줌
- 저장양분 축적은 과다 결실과도 밀접한 관계가 있으므로 과실이 너무 많이 달리지 않도록 함
- 추운 지방에서는 유목기에 땅에 묻어 주는 것이 효과적이나 작업상 어려움이 있으므로 볏짚으로 원줄기를 싸서 보온과 건조를 함께 막아주는 것이 좋음

## ☐ 포도 저온 피해에 의한 화진 발생 예방 정보 제공

(영농활용: 2023. 국립원예특작과학원)

○ 배경
 - 포도 화진 현상은 낱알이 정상적으로 달리지 않거나 결국 떨어지는 현상으로, 꽃 필 무렵의 저온으로 인한 극심한 꽃떨이 피해가 발생
   * 저온에 의한 화진 피해 발생('18.4, 경기) → 6월 전국 출하량 전년 대비 3% 감소 예상(농경연)
 - 저온에 의한 포도 화진과 관련한 선행연구가 부족한 실정으로, 피해 예측과 대응을 위해 취약 시기나 온도 조건 및 발생 원인에 대한 구명이 필요

○ 개발된 영농정보 내용
 - 포도 화진 피해 예방을 위해 시기 측면에서는 꽃이 만개하는 시기에 온도 측면으로는 5℃ 이하로 기온이 강하할 시에 최소 10℃ 이상 될 수 있도록 조치함
   · (시기) 만개 전, 만개기, 만개 후 비교 시, 만개기가 화진 발생에 가장 취약
     * 대조 대비 착립 비율: (만개전) 75.8% > (만개후) 73.2% > (만개기) 46.6%(5℃ 저온 기준)
   · (온도) 5℃ 이하로 강하 시, 착립은 절반 이하로 감소하여 화진 피해 가능성 농후
     * 대조(15℃) 대비 착립 비율: (15℃) 100% > (10℃) 67.7% > (5℃) 46.6%(만개기 기준)

 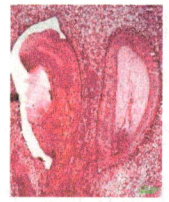

〈포도 화진 현상〉  〈저온에 따른 착립률 감소〉 〈기형 배주 발생(5℃)〉

○ 파급효과
 - 취약 시기나 온도 조건 구명에 따른 사전 예측을 통한 화진 피해 예방
 - 이상기상 대응한 포도의 고품질 생산 및 수급 안정에 기여

# 포도 생장조정제 처리 후 표식기술 개발

(영농활용: 2023. 국립원예특작과학원)

○ 배경
- 포도 무핵재배 시 일손 절감형 꽃송이다듬기 기술을 농가에 보급하여 작업시간을 크게 단축했으나,
- 포도 꽃송이에 생장조정제를 처리한 후 표시할 수 없어서 접목집게 및 색소 등으로 표시하고 있음

○ 개발된 영농기술정보
- 씨 없는 포도 생산을 위해 생장조정제를 2회 처리하는데, 생장조정제 1차 처리 중복 방지를 위한 곁순 제거기술을 개발함
- 생장조정제 처리 후 별도의 기구없이 손으로 생장조정제를 처리한 꽃송이의 맞은편에 있는 곁순 제거하여 표시함
- 곁순은 꽃송이의 맞은편에 있고, 제거한 곁순이 다시 발생하는데, 14일 이상 소요되어 처리 여부를 쉽게 알 수 있음
- 다만, 포도 생육 초기 곁순을 관행적으로 제거하는데, 생장조정제 처리여부를 판단하는 기준으로 사용할 곁순은 제거하지 않도록 함

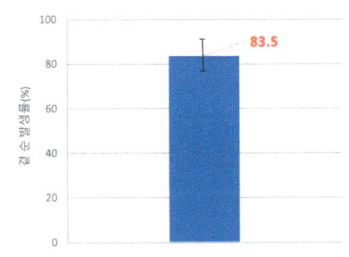

〈포도 꽃송이 맞은편 곁순 발생률〉   〈포도 곁순(좌) 및 곁순 제거 10일 경과(우)〉

○ 파급효과
- 포도 생장조정제 1차 처리 후 곁순을 제거하여 표시함으로써 생장조정체 1차 중복처리를 방지할 수 있음

## 5. 감귤

☐ 감귤나무의 생리 생태
  O 상순: 새순 발아가 활발하게 전개되며 뿌리에서 양분을 흡수하는 시기
  O 중순: 새순 발아가 고르고 화아 비대가 충실해지며 수액 이동이 활발한 시기
  O 하순: 새순이 왕성하게 자라고 꽃봉오리가 형성되며 가지가 굳어지기 시작 새 뿌리가 발생하는 시기

☐ 저온 및 서리 피해
  O 이른 봄철 맑고 바람 없는 날 밤에 온도가 영하로 내려가면 서리 피해 발생이 우려됨
   - 피해증상은 신초 끝이 고사하고, 나뭇잎이 위로 말리면서 갈색으로 변함
   - 지속해서 피해가 나타나는 과원은 나무 밑동의 껍질이 들뜨고 갈라지면서 벗겨짐
   - 피해 부위가 손상되면서 뿌리 부분이 약해지고, 심하면 잎 끝부분이 갈색으로 변함
   - 4월 상순 늦서리 피해가 나타나는데, 서리는 맑고 바람 없는 밤에 기온이 영하로 내려가면 발생함
   - 신초가 발생하는 시기는 지역과 연도 별로 일정하지 않지만 대략 4월 10일 전·후로 예상됨
   - 3월 기온이 따뜻하고, 강우량이 충분하면서 전년도에 착과량이 적은 과원은 발아가 빠르지만, 4월에 꽃샘추위가 오면 서리피해가 종종 발생함
   - 4월 상순 온주밀감은 저온(-2℃ 이하, 2시간 이상)에 노출되었을 때 신초가 갈색에서 검은색으로 변하면서 고사함
   - 조생 온주 신초는 3~5mm일 때 -2.5에서 31%, -2.7℃에서 65%가 고사하고, -2.5℃에서는 꽃눈 감소가 적었으나 -2.7℃에서는 5~6% 감소함

- 감귤원 남쪽의 높은 방풍수, 하우스 또는 건물이 있으면 산에서 내려오는 냉기가 잘 빠져나가지 못해 피해가 발생하므로 냉기류가 잘 흘러가도록 남쪽에 있는 방풍림을 제거하거나 틈을 만들어야 함
- 또한 나무 영양 상태가 나쁜 경우 피해가 더 커지므로 상습적으로 발생하는 과원에서는 수세가 약해지지 않도록 질소 위주의 엽면시비를 1~2회 하면 좋음

☐ 과원 관리
○ 전년도 과다 결실로 인하여 금년도 흉작이 예상되는 과원은 4월 상·중순에 전정하며, 착화량 확보를 위하여 전정량을 10~15% 정도 가볍게 하고, 결과모지를 최대한 확보함
○ 전정 시 죽은 가지를 잘 다듬지 못한 농가는 4월 중 죽은 가지를 다듬어 검은점무늬병 전염원을 제거함

☐ 병해충 방제
○ 병해충은 발생하기 전에 미리 대비하는 것이 중요하며, 농약허용물질목록관리제도(PLS)와 관련하여 등록이 안 된 농약은 사용할 수 없으므로 관련 정보를 사전에 숙지해 두는 것이 좋음
- 작년과 비교하여 연간 병해충 방제를 계획하거나 방제 약제 구매, 약제살포기 점검이 필요함
- 더뎅이병이 없었던 과원은 4월에 더뎅이병 방제를 생략하고 낙화기인 5월 중·하순에 잿빛곰팡이병과 동시에 방제함
- 더뎅이병이 발생했던 과원은 농가마다 약간 다르지만, 4월 25일 전후 비가 오기 전 적용약제를 살포하는 것이 좋음
- 더뎅이병 초기 방제는 신초의 감염을 막아주며, 방제가 철저히 되면 이후 방제는 훨씬 쉬워짐
- 응애는 5월 하순 무렵 낙화기에 잿빛곰팡이병이나 궤양병 방제 약제와 혼용살포를 하는 것이 좋음

# 6. 단감

□ 병해충 방제
  ○ 나무좀
   - 봄철 산지에서 비산하여 수세 약한 나무를 2차적으로 가해
   - 발생 주요 나무좀류는 암브로시아나무좀(77.3%), 감나무좀(6.8%), 오리나무좀(5.8%)이 있으나 감나무좀은 크기 약 1mm 소형종으로 발생량은 많으나 감나무에 피해는 없음
   - 대체로 4월 하순 발생량이 급격히 증가하여 6월 하순 이후 거의 발생하지 않음
   - 주로 4월 암컷이 나무의 원줄기나 줄기에 지름 1~2mm 구멍을 뚫고 들어가며, 피해받은 가지는 잎이 시들고 수세가 급격히 쇠약
   - 성충은 피해 구멍 속에서 월동하며, 월동 성충은 4월 중·하순 활동
   ※ 또한 제1세대 성충은 7~8월 무리 지어 다른 나무로 모여듦
   - 피해 대책으로는 나무좀은 건전한 나무를 잘 가해하지 않고 수세 약한 나무를 주로 가해하므로 비배 및 토양·수분관리에 철저
   · 겨울철 언 피해, 여름철 가뭄·일소 등 피해 나무를 집중 가해
   - 고압 살포 분무기로 조피 제거 시 나무에 상처가 나지 않도록 수압 조절
   ※ 조피 작업은 가능한 3월 이전 마무리
   - 좀벌레 발생 상황 점검 및 적용 약제살포
  ○ 감관총채벌레
   - 4월 중순 무렵까지 소나무에서 월동하다 감 과원으로 이동
   - 송홧가루 비산 시기 성충이 과원으로 이동하여 감잎이 전개하는 초기에 신엽을 세로로 말고 그 속에서 5월 상순경 산란
   - 피해 양상은 새 가지 잎이 가장자리 주맥으로 향하여 세로로 말아짐
   - 피해 방지는 이른 봄 새순이 나오면서 감잎이 5~6매 정도 펼쳐졌을 때가 방제 적기로 7~10일 간격으로 2회 살포

<감관총채벌레 엽 피해증상>

O 장님노린재
- 초기 잎에 반점이 생기다가 점차 성엽이 되면서 크게 구멍이 생김
- 피해를 받은 어린 화뢰는 떨어지므로 착과량 확보에 지장 우려
- 잎 피해가 가장 큰 시기는 4월 중·하순, 꽃눈은 4월 하순~5월 상순으로 이 시기에 전용 약제살포 및 감관총채벌레와 동시 방제로 효과 배가

<방제시기별 단감 잎 천공증상 피해엽률>

| 처리일 | 4. 10. | 4. 15. | 4. 20. | 4. 25. | 4. 30. | 5. 5. | 5. 10. | 무처리 |
|---|---|---|---|---|---|---|---|---|
| 피해엽률(%) | 25.7 | 18.5 | 10.3 | 5.7 | 16.6 | 8.6 | 13.5 | 39.0 |

## 접목 시기 및 방법

O 따뜻한 남부에서는 4월 상순부터 하순 사이, 중북부 지방은 4월 중순경 대목에서 새싹이 나오기 시작하는 시기에 접목
- 접수보관이 잘되면 5월에 접목하여도 활착과 생육에 큰 지장이 없으나 대목 절단면에 수액이 많이 나오므로 접목 부위에 수액이 차지 않도록 주의
- 접목 전 보관한 접수를 확인하고 전정가위, 접칼, 비닐테이프, 도포제 등을 준비한 후 접목
- 1년생 대목에 접목할 때는 대개 깎기접(절접)을 사용
- 짜개접(할접) 및 피하접은 깎기접과 같은 시기에 시행함
 ※ 피하접은 나무껍질 밑에 붙이는 접목 방법으로, 대목이 커서 깎기접이 곤란하거나 큰 나무 품종을 갱신하고자 할 때 쓰는 접목 방법임

## 7. 신기술보급 시범사업

□ 대체 품종 활용 과수 우리 품종 특화단지 조성 시범

(2025 신기술보급시범사업: 국립원예특작과학원 기술지원과)

○ 목적
- 국내 육성된 우리 과수품종의 보급률 향상 및 특화단지 조성 필요
- 최근에 육성된 과수 신품종을 중심으로 특화단지 조성 및 홍보·마케팅을 통한 소비자 인식 제고

○ 관련기술 현황
- 감귤 '윈터프린스' 품종의 시기별 과실 품질 특성('22, 원예원)
- 노지 재배 시, 키위 '스위트골드'의 수확시기 결정('22, 원예원)
- 신품종 확산을 위한 황육계 키위 신품종 '감황', '선플'의 발아 및 개화특성('22, 원예원)
- 국내육성 '아리수' 품종에 발생하는 과피반점과 증상의 구분방법 ('21, 원예원)
- 배 '신화' 품종의 가지 연장지의 발생 및 생장 촉진방법('21, 원예원)
- 포도 '홍주씨들리스' 품종의 상품성 향상 기술('21, 원예원)
- 사과 '루비에스' 품종 과총내 착과수에 따른 과실 품질('21, 원예원)
- 온도순화처리에 의한 '추황'배의 과피 흑변 억제 효과('19, 원예원)
- '아리수' 사과에서의 가해 시기별 노린재 피해 양상('18, 원예원)
- 수확 후 $CO_2$ 처리에 의한 복숭아 '유미' 상온 유통 부패억제 효과 ('18, 원예원)
- 배 신품종 '그린시스' 과실 숙기 판정 기준('17, 원예원)
- 포도 '홍주씨들리스' 수확기 판정을 위한 색차계 및 과피 색깔 활용 ('17, 원예원)

○ 사업규모
 - 사 업 비: 개소당 200백만원(국비 50%, 지방비 50%)
 - 사업규모: 개소당 5ha 내외 (사업기간 2년 내)
  ※ 단 시설과수(포도, 감귤, 참다래) 3ha 내외
 - 사업기간: 2년(연속사업)
○ 사업내용
 - 시범요인
  · 우리 과수품종 안정생산 및 정착을 위한 전문생산·출하체계 구축
  · 우리 과수품종 특화단지 조성을 통한 광역화 확산 도모
 - 지원범위
  · (품종전환) 사과, 배, 포도, 복숭아, 감·단감, 감귤, 레몬, 참다래·다래 등 국내육성품종
  · (기반조성) 과원 안정생산 기반시설 조성(명거·암거배수, 지주 및 덕시설, 관수시설)
  · (품질향상) 결실안정 등 고품질화 자재(인공수분, 성페로몬트랩, 교미교란제 등)
  · (출하홍보) 우리품종 소비지 홍보판매 제반비용
  · (기타) 산지조직화 진전을 위한 공동이용기자재 사용 등
○ 사업추진 체계 및 지원방식 등
 - 묘목 식재·갱신은 반드시 종묘재배업 허가 업체에서 우량묘목으로 구입
 - 포도는 배수양호 토양으로의 기반조성 및 우량묘목 양성 필요
 - 기존 사업과 연계한 우리품종 단지화 가능성 높은 대상 우선 선정
○ 기대효과
 - 만생종 및 명절출하 중심 생산기반에서 소비트렌드에 적합한 다양한 품종보급으로 시장 다양성 확보 및 과수산업 안정화
 - 시장선도 가능한 고품질 우리품종 특화단지 조성으로 과수산업 저변 확대

## 사과 국내육성품종

○ 사과 '아리수', '이지플', '컬러플'의 식미정보 제공('23, 원예원)
 - 최근 개발되어 보급 중인 중생종 신품종 '아리수', '이지플', '컬러플'의 단맛, 신맛, 식감, 과즙, 향기 정보를 1~5등급으로 수치화하여 방사형 차트로 나타냄
○ 사과 피크닉 열과 방지 기술('22, 원예원)
 - 수확기 1달전 불투성(고밀도폴리에틸렌), 반투성 피복재(부직포)로 지면 피복, 염화칼슘 0.3%액 6월 하순부터 10일 간격 3회 살포 결과 피복, 염화칼슘 살포구가 무처리에 비해 열과율이 현저히 떨어짐
○ 국내육성 '아리수' 품종에 발생하는 과피반점과 증상의 구분방법('21, 원예원)
 - 사과 '아리수' 품종에 발생하는 과피반점 증상(칼슘결핍, 노린재, 약해) 구분방법
○ 사과 중소과 황옥, 피크닉, 루비에스 품종의 생산성('21, 원예원)
 - 중소과('황옥', '피크닉', '루비에스') 평균 과중, 착과수 및 수량성, 과실 특성 소개
○ 사과 '루비에스' 품종의 과총 내 착과수에 따른 과실 품질('20, 원예원)
 - 과총 착과수 1개 과중 65g 생산, 착과수 2~3개 과중 50~55g 생산
○ 사과 신품종 '썸머프린스', '썸머킹' 만개 후 일수별 과일 특성('20, 원예원)
 - 여름에 출하되는 조생종 사과는 생리적 적숙기와 경제적 적숙기 차이가 나는 품종으로 생리적 적숙기 전 과일특성 제공으로 조기 출하 방지
○ 사과 '썸머프린스' 등 국내육성품종들의 자가적과 특성('19, 원예원)
 - '썸머프린스', '감홍' 자과 적과율은 85, 84.1%로 높아 1과총당 0.8~9개 과실만 착과
○ '아리수' 사과에서의 가해시기별 노린재류 피해 양상('18, 원예원)
 - 갈색날개·썩덩나무노린재 발생 시기 및 피해 양상 정보 제공
○ '아리수'의 안정적인 수형 구성을 위한 유목기 측지관리방법('17, 원예원)
 - '아리수'는 가지 발생이 어려운 품종으로 유목기 적절한 측지관리 요령 설명

| 품종 | 주요 특성 | 품종 | 주요 특성 |
|---|---|---|---|
| 썸머프린스 | - 수확량 많은 극조생종<br>- 최종선발 2014년<br>- 크기 290g<br>- 당도 12.1Brix<br>- 원추형, 식감 우수<br>- 숙기 7월 중·하순 | 썸머킹 | - 과형 우수 여름 사과<br>- 최종선발 2010년<br>- 크기 265g<br>- 당도 13.9Brix<br>- 새콤달콤, 식미 우수<br>- 숙기 7월 하순~8월 상순 |
| 골든볼 | - 노란색 여름 사과<br>- 최종선발 2017년<br>- 크기 275g<br>- 당도 14.8Brix<br>- 저장성 우수한 조생종<br>- 숙기 8월 중순 | 루비에스 | - 급식용 소과종 사과<br>- 최종선발 2014년<br>- 크기 86g<br>- 당도 13.9Brix<br>- 자가적과성, 적과노력절감<br>- 숙기 8월 하순 |
| 아리원 | - 단맛과 신맛이 조화된 사과<br>- 최종선발 2018년<br>- 크기 319g<br>- 당도 16.2Brix<br>- 다수확 대과 품종<br>- 숙기 8월 하순~9월 상순 | 아리수 | - 착색이 잘되는 추석용 사과<br>- 최종선발 2010년<br>- 크기 285g<br>- 당도 14.0Brix<br>- 식감 좋고 맛 뛰어남<br>- 숙기 9월 상순 |
| 이지플 | - 수량성 높은 자가적과성 사과<br>- 최종선발 2019년<br>- 크기 338g<br>- 당도 16.7Brix<br>- 홍로 과형, 감홍 과피<br>- 맛 우수, 착색 양호<br>- 숙기 9월 상·중순 | 황옥 | - 새콤달콤한 중과형 사과<br>- 최종선발 2009년<br>- 크기 225g<br>- 당도 16.8Brix<br>- 맛이 진해 주스 및 파이용 등 활용성 높음<br>- 숙기 9월 하순 |
| 피크닉 | - 맛있고 예쁜 나들이용 사과<br>- 최종선발 2008년<br>- 크기 220g<br>- 당도 14.2Brix<br>- 식미 우수 중과형<br>- 숙기 9월 하순 | 감로 | - 향기가 매력적인 중생종 사과<br>- 최종선발 2021년<br>- 크기 320g<br>- 당도 15.7Brix<br>- 과즙 많고 조직감 우수<br>- 숙기 9월 중·하순 |
| 컬러플 | - 붉게 착색이 잘되는 사과<br>- 최종선발 2016년<br>- 크기 328g<br>- 당도 15.2Brix<br>- 외관 수려 착색 균일도가 높음<br>- 숙기 10월 상순 | 감홍 | - 식미 우수한 대과형 중만생 사과<br>- 품종등록 2000년<br>- 크기 310g<br>- 당도 16.5Brix<br>- 당도 높고 식미 우수<br>- 숙기 10월 상·중순 |

## 배 국내육성품종

○ 배 '신화' 품종의 가지 연장지의 발생 및 생장 촉진방법('20, 원예원)
- 세력이 약해진 '신화' 품종의 가지(주지 및 결과지)의 연장지 발생과 생장을 촉진함으로써 나무의 세력 회복 및 수량확보

○ 배 '슈퍼골드'의 아삭한 식감 유지를 위한 과피색 기준 적숙기 판정('20, 원예원)
- 과피색이 녹황색인 품종으로 과피에 녹황색이 남아있는 시기에 수확해야 아삭한 식감이 오래 유지(상온 유지기간 녹황색 12일, 황색 6일)

○ 배 '그린시스' 품종의 저온저장 중에 발생하는 내부갈변과 발생양상
- 기상 및 영양 등이 부적절한 조건에서 재배되면, 내부갈변과 발생할 수 있으며, 적기 수확하여 10℃ 전후에 2~3일간 예냉 후 저온저장고 입고

○ 배 '화산' 품종의 착과부위에서 신초가 발생한 과실의 품질('15, 원예원)
- 수확 시 대과 위주로 만개 후 150일경 1차 수확 후 신초가 발생한 착과부위 나머지 과실을 수확하는 것이 과실 품질 향상에 유리함

○ '원황', '화산', '한아름' 품종의 착과 증진을 위한 결과지 활용기술 ('13, 원예원)
- 개화기 저온 등 기상재해로 인해 정상적인 착과가 힘든 경우 착과량 확보 및 착과 증진을 위해 결과지 길이 및 착과 위치에 따른 과실정보 제공

○ '한아름', '화산', '만풍배'의 품종의 지베렐린 반응 양상('12, 원예원)
- GA 사용 과실의 수확지연 시 상온보구력이 짧아지며, 과다사용 시 생리장해과 발생

○ 배 '원황' 품종의 분산수확 효과 구명('12, 원예원)
- 4~5일 간격을 두고 2~3회 나누어 수확하면 과중 및 당도 증진 효과

○ 배 '원황' 품종 상온 유통 기간 연장을 위한 예냉기술 개발('12, 원예원)
- 수확 과실을 예냉(10℃, 24시간) 후 유통하면 7~10일 정도 유통기간을 연장함

○ '만풍배' 착과 증진을 위한 중과지 활용 기술('12, 원예원)
- 착과량이 부족한 경우 중지(5~15cm)를 이용하여 착과량을 확보함

| 품종 | 주요 특성 | 품종 | 주요 특성 |
|---|---|---|---|
| 한아름 | - 교배(신고 x 추황배)<br>- 품종등록(2006년)<br>- 8월초(나주)~8월중(천안)<br>- 크기 480g<br>- 당도 13.8Brix<br>- 크기가 작아 1,2인용 소비 | 원황 | - 교배(조생적 x 만삼길)<br>- 품종등록(2000년)<br>- 8월말(나주)~9월초(천안)<br>- 크기 570g<br>- 당도 13.4Brix<br>- 새콤달콤, 과즙 풍부 |
| 조이스킨 | - 교배(황금배 x 조생적)<br>- 품종등록(2016)<br>- 숙기 9월 상순<br>- 크기 320g<br>- 당도 15.2Brix<br>- 당도 높고 껍질째 섭취<br>- 급식용, 어린이들 간식 | 슈퍼골드 | - 교배(추황배 x 만풍배)<br>- 품종등록(2011년)<br>- 9월초(나주)~9월중(천안)<br>- 크기 570g<br>- 당도 13.6Brix<br>- 녹색배, 새콤달콤<br>- 동녹 증상 있음 |
| 설원 | - 교배(수황배 x 만풍배)<br>- 품종등록(2011년)<br>- 숙기 9월 상순<br>- 크기 560g<br>- 당도 14.0Brix<br>- 상큼하고 달콤함, 조각과실<br>- 갈변현상 없고 아삭아삭함 | 신화 | - 교배(신고 x 화산)<br>- 품종등록(2012년)<br>- 9월초(나주)~9월중(천안)<br>- 크기 630g<br>- 당도 13.0Brix<br>- 선물용, 부드러움<br>- 상온 저장기간 긴 편 |
| 창조 | - 수진조생 x (단배x만삼길)<br>- 품종등록(2013년)<br>- 9월중(나주)~9월말(천안)<br>- 크기 790g<br>- 당도 13.1Brix<br>- 갈색배, 아삭하고 달콤함<br>- 상온 저장기간 짧은 편 | 황금배 | - 교배(신고 x 이십세기)<br>- 품종등록(2000년)<br>- 9월중(나주)~9월말(천안)<br>- 크기 450g<br>- 당도 14.9Brix<br>- 당도 높고 과즙 풍부<br>- 2~3인 핵가족 적합 |
| 만풍배 | - 교배(풍수 x 만삼길)<br>- 품종등록(2000년)<br>- 9월말(나주)~10월초(천안)<br>- 크기 770g<br>- 당도 13.3Brix<br>- 아삭하고 달콤한 맛<br>- 과육이 먼저 익는 배 | 화산 | - 교배(풍수 x 만삼길)<br>- 품종등록(2000년)<br>- 9월말(나주)~10월초(천안)<br>- 크기 580g<br>- 당도 12.9Brix<br>- 부드럽고 과즙 풍부<br>- 과육이 먼저 익는 배 |
| 그린시스 | - 교배(황금배 x 바틀렛)<br>- 품종등록(2015년)<br>- 9월중(나주)~9월말(천안)<br>- 크기 460g<br>- 당도 12.3Brix<br>- 초록배 부드럽고 과즙 풍부<br>- 석세포가 적어 부드러움 | 추황배 | - 교배(금촌추 x 이십세기)<br>- 품종등록(2000년)<br>- 10월 하순<br>- 크기 460g<br>- 당도 12.3Brix<br>- 초록배 부드럽고 과즙 풍부<br>- 석세포가 적어 부드러움 |

## 복숭아 국내육성품종

○ 저산미 천도 신품종 '이노센스'의 수확적기('22, 청도복숭아연구소)
- '이노센스' 품종의 성숙 단계별 과실 특성, 4단계 중 2단계 수확 적기로 제시
○ 복숭아 '수미'의 단과지 전정에 의한 수확 전 낙과 경감('15 원예원)
- '수미'의 단과지 전정과 열매가지 고정으로 장과지 전정에 비해 수확 전 낙과율 20% 경감
○ 복숭아 신품종 '미홍'의 과실 비대를 위한 적뢰 효과('14 원예원)
- '미홍' 품종은 과실 발육기간이 짧아 결실관리 작업 늦을 시 과실 비대가 현저히 떨어지므로 적뢰를 실시하도록 함
 * 적뢰작업 시 적과대비 과중 24.8% 증대, 노력절감 21.3%
○ 복숭아 '진미' 품종의 착색 촉진을 위한 이중봉지 벗기는 시기('14 원예원)
- '진미' 품종에 이중봉지 사용 시 수확 7일 전 겉봉지를 벗기면 과피의 미세열과 경감 및 착색도 증진으로 품질향상
○ 복숭아 꽃눈 및 꽃눈가지의 겨울철 동해 한계 온도('13 원예원)
- 복숭아 꽃눈 및 꽃눈가지의 동해 발생온도는 -21℃ 내외
○ 복숭아 품종별 내한성 정도('12 원예원)
- 복숭아 주요 품종 및 신품종의 내한성 정도 설정
○ 복숭아 '진미'의 과피 미세균열 경감을 위한 토양수분 관리('09 원예원)
- 토양수분의 변화가 클수록 미세열과의 발생도 높으므로 과실 비대기 토양수분의 급격한 변화 방지 필요
○ 복숭아 '진미'의 과피 미세균열 경감을 위한 착과관리 및 봉지 종류 ('09 원예원)
- '진미'의 과피 미세균열은 수관 상부 및 외부에서 발생이 높고, 봉지재배는 미세균열 방지에 효과적이며 노란색 봉지가 흰색 봉지에 비해 경감에 효과

| 품종 | 주요 특성 | 품종 | 주요 특성 |
|---|---|---|---|
| 미홍 | - 교배(유명 x 찌요마루)<br>- 품종등록(2009년)<br>- 숙기 6월 중·하순<br>- 크기 230g<br>- 당도 11.0Brix<br>- 꽃가루 많음, 내한성 강한 편 | 유미 | - 교배(유명 x 찌요마루)<br>- 품종등록(2012년)<br>- 숙기 7월 하순<br>- 크기 280g<br>- 당도 11.5Brix<br>- 꽃가루 많음, 내한성 강함 |
| 미스홍 | - 교배(유명 x 찌요마루)<br>- 품종등록(2010)<br>- 숙기 8월 상순<br>- 크기 280g<br>- 당도 13.0Brix<br>- 수분수 필요(미홍, 유미 등)<br>- 보구력 다소 약한편 | 선미 | - 교배(백봉 x 백향)<br>- 품종등록(2015)<br>- 숙기 8월 상순<br>- 크기 300g<br>- 당도 13.5Brix<br>- 수분수 필요(미홍, 유미 등)<br>- 수확 7일전 봉지 제거 |
| 진미 | - 교배(백봉 x 포목조생)<br>- 품종등록(2000)<br>- 숙기 8월 하순<br>- 크기 280g<br>- 당도 13.0Brix<br>- 꽃가루 있음, 내한성 비교적 강 | 수미 | - 교배(유명 x 찌요마루)<br>- 품종등록(2007년)<br>- 숙기 9월 상순<br>- 크기 300g<br>- 당도 13.0Brix<br>- 수세 안정시 생산성 높음<br>- 단과지 착과 수확 전 낙과 경감 |
| 엘로드림 | - 교배(백향 x 로메머1)<br>- 품종등록(2020년)<br>- 숙기 7월 상순<br>- 크기 200g<br>- 당도 12.5Brix<br>- 산도 매우 낮아 식미 우수<br>- 선프레 보다 2~3일 빠른 **천도** | 스위트퀸 | - 교배(백향 x 천홍)<br>- 품종등록(2021년)<br>- 숙기 7월 하순<br>- 크기 280g<br>- 당도 14.1Brix<br>- 달콤한 **황육계 천도**<br>- '천홍' 보다 7일 늦게 수확 |
| 이노센스 | - 교배(백향 x 미스리카)<br>- 품종등록(2021년)<br>- 숙기 8월 상순<br>- 크기 182g<br>- 당도 14.5Brix<br>- **고향기성, 백육계 천도**<br>- 꽃가루 많음, 내한성 중 | 설홍 | - 교배(백향 Selfing)<br>- 품종등록(2019년)<br>- 숙기 9월 상순<br>- 크기 200g<br>- 당도 14.0Brix<br>- 간편소비형 **백육계 천도**<br>- 꽃가루 많음, 내한성 중 |

## 단감 국내육성품종

○ 단감 신품종 '감풍'의 수확 시기별 사온에서 과실 품질 변화 구명 ('21, 원예원)
 - 수확일 10월 18일에는 12일, 11월 2일에는 7일, 11월 10일에는 수확 후 5일까지 경도 유지되었고 그 이후 급격하게 떨어지는 경향임
○ 국내육성 단감 '조완'의 단위결실에 의한 착과특성('20, 원예원)
 - 단감 '조완'의 단위결실성을 조사한 결과 수정이 되지 않아도 낙과율이 '19(19%), '20(29.9%) 발생하여 '부유' 품종 80.6%에 비해 현저히 낮음
○ 국내육성 단감 '원미'의 상온 정장 후 유통 특성 구명('20, 원예원)
 - 꼭지들림 없는 과실과 있는 과실을 저온저장 후 상온에서 경도변화 차이 없었음
 - 저온 저장 후 상온 노출 과실 4일 후 경도 감소, 상온 처리 과실 8일까지 경도 완만하게 낮아짐
○ 국내육성 '로망' 품종의 결실관리 방법('20, 원예원)
 - 길이 20cm 내외, 굵기는 8mm내외 결과지 착과, 1결과지 당 1과 또는 2결과지 당 1과 착과, 9월 중·하순 꼭지들림 피해 발생(토양수분 변화 차단 필요)
○ 국내육성 단감 '감풍'의 착과 수준에 따른 과실 품질('20, 원예원)
 - 과중은 결과지의 길이가 길어짐에 따라 커지는 경향을 보임
 - 10cm 이하 단과지(결과지 당 1개 착과 423g, 2개 착과 372g), 20cm(414g), 30cm(426g), 20cm 이상 결과지 당 2개 착과 400g 이상 대과생산 가능
○ 국내육성 단감 '감풍'의 상온 및 저온저장 후 과실의 경도 변화
 - 상온(20℃)에서 2일 후 경도 감소하는 경향, 처리 후 5일까지 통계적 유의성 없음
 - 저온(1.5℃)에서 7일 저장 후 상온(20℃)에서 4일 후 경도 감소, 8일까지 유지
○ 기상 조건에 따른 단감 '로망' 꼭지들림 발생('19, 원예원)

- 단감 '로망' 품종은 농업기술길잡이에 꼭지들림이 없는 품종으로 소개되어 있으나 착색기 때 강우에 의한 급격한 수분 변화는 꼭지들림 발생 조장

| 품종 | 주요 특성 | 품종 | 주요 특성 |
|---|---|---|---|
| 조완 | - 추석용 조생종 고품질 완전단감<br>- 교배(신추 x 태추)<br>- 품종등록(2018년)<br>- 숙기 9월 하순<br>- 크기 180g<br>- 당도 16.4Brix<br>- 노란 오렌지색 당도 매우 높음<br>- 수분수(스위트폴리, 선사환) 필요 | 원미 | - 조생종 고품질 완전단감<br>- 교배(부유 x 태추)<br>- 품종등록(2018년)<br>- 숙기 10월 상순<br>- 크기 220g<br>- 당도 15.1Brix<br>- 오렌지색 당도 높고 식미 좋음<br>- 수분수(스위트폴리, 선사환) 필요 |
| 원추 | - 조생종 고품질 완전단감<br>- 교배(신추 x 태추)<br>- 품종등록(2010)<br>- 숙기 10월 상순<br>- 크기 350g<br>- 당도 15.1Brix<br>- 노란 오렌지색 당도 높음<br>- 과실이 매우 큰 완전단감 | 연수 | - 껍질째 먹을수 있는 완전단감<br>- 교배(로19 x 태추)<br>- 품종등록(2022)<br>- 숙기 10월 중순<br>- 크기 230g<br>- 당도 17.0Brix<br>- 노란 오렌지색 당도 매우 높음<br>- 수분수(스위트폴리, 선사환) 필요 |
| 로망 | - 국내 최초 육성된 완전단감<br>- 교배(로19 x 만어소)<br>- 품종등록(2015)<br>- 숙기 10월 중순<br>- 크기 185g<br>- 당도 18.6Brix<br>- 붉은 오렌지색 당도 매우 높음<br>- 수분수(스위트폴리, 선사환) 필요 | 감풍 | - 만생종 대과종 고품질 완전단감<br>- 교배(대안단감 x 태추)<br>- 품종등록(2020년)<br>- 숙기 10월 하순<br>- 크기 417g<br>- 당도 14.7Brix<br>- 오렌지색, 편원형, 대과종<br>- 덕시설 필요(과실 크고 개장성) |

# 감귤, 레몬 국내육성품종

〈미래향〉
▷ 2019년 선발(황금향×홍춘병감)
▷ 12월 중하순 수확
▷ 당 12° Bx, 산 1.1%, 과중 150~200g
▷ 황금향 대비 껍질 벗김 쉽고, 과육 부드러움

〈미니향〉 *탁구공 크기 고당도 소과형
▷ 2015년 선발(기주밀감×병감)
▷ 12월~1월 수확, 재배면적 16ha('21)
▷ 당 15° bx, 산 0.7%, 과중 30~40g
▷ 온주밀감과 차별화로 노지재배 확대

〈사라향〉
▷ 2016년 선발(천혜향 주심배)
▷ 2월 수확
▷ 당 14.5° Bx, 산 1.1%, 과중 200g
▷ 천혜향 대비 당도 높고 조기수확 가능(2주)

〈탐빛1호〉
▷ 2016년 선발(프린스 청견×병감)
▷ 3월 수확, 보급 준비 중
▷ 당 14.6° Bx, 산 1.2%, 과중 150g
▷ 부피현상 없고, 과즙 풍부, 식감 우수

〈하례조생〉 *국산품종 재배면적 1위
▷ 2004년 선발(입간조생 주심배)
▷ 11월 중순 수확, 재배면적 542.2ha('21)
▷ 당 10.7° bx, 산 1.0%, 과중 80~90g
▷ 궁천조생 대비 당도 높고, 산함량 감소 빠름

〈윈터프린스〉
▷ 2016년 선발(하레히메×태전병감)
▷ 12월 상순 수확, 재배면적 30ha('21)
▷ 당 12° Bx 내외, 산 1.0%, 과중 180g
▷ 껍질 벗김이 쉬워 소비자 선호도가 높음
▷ 윈터프린스 연구회 조직('20), 이마트 유통('20)

〈탐나는봉〉 *국산 최초 해외 로열티 계약
▷ 2010년 선발(부지화 주심배)
▷ 3월 수확, 재배면적 9.2ha('21)
▷ 당 14.0° Bx, 산 1.2%, 과중 280g
▷ 로열티(미국): 총 236,000주
　　　　　　 3억 6,500만원(290,000$)

〈제라몬〉 *국내 육성 1호 레몬
▷ 2015년 선발(프로스트 리스본 주심배)
▷ 12월 수확, 재배면적 11.5ha
▷ 당 10.2° Bx, 산 8.09%, 과중 138g
▷ 향기 진하고, 과즙 풍부, 산미 높음

# Ⅲ. 화 훼

# 1. 심비디움

☐ 분포 및 특징

○ 원종
- 심비디움 속은 열대 아시아를 중심으로 북쪽 히말라야로부터 동쪽 일본, 남쪽 호주 북부까지 넓은 지역에 약 94종이 자생하는 것으로 알려져 있음

○ 형태의 특징
- 잎
  · 잎은 일반적으로 가늘고 긴 선형(線形)의 혁질(革質)이며 벌브의 각 마디에 한 개씩 있으며, 직립 또는 활모양으로 구부러져 있고 기공은 잎 뒷면에 있음
  · 선단에서 3~5번째 잎이 가장 길고 벌브의 기부 잎은 엽신(葉身)이 발달하지 않는 잎으로 잎의 수명은 약 3년이고 오래된 것부터 순차적으로 기부의 이층부에서 떨어짐
  · 잎의 전개 속도는 고온에서는 빠르지만 엽수의 증가가 빨리 정지되어 최종적으로 엽수는 저온에서보다 적어지는 경향이 있음
- 줄기
  · 줄기는 벌브로 불리며, 위벌브(위구경: Pesudobulb)로 여러 개의 마디가 있음
  · 마디 사이는 그다지 신장하지 않고 기부의 절간을 제외한 나머지 절간이 비대해 난형(卵形)의 방추형(紡錘形)이 됨
  · 마디에는 1개씩 잎이 착생하고 있고, 엽액에는 1개씩 액아가 존재하고 있지만 하위절의 여러 개의 눈을 제외하고 발달이 부진함
- 뿌리
  · 뿌리 굵기는 5mm 전후이고, 표피는 여러 개 층으로 되어 있고 근피(根皮)로 불리지만 선단부를 제외한 대부분은 죽은 세포임

- 근피는 건조하면 백색이며 관수한 물을 스펀지처럼 효율적으로 흡수하여 보존함
- 뿌리는 보통 1년 이상 생장하는데, 신초의 뿌리는 신초가 발생한 후 2~3개월 후에 발생하고, 뿌리의 발달에는 다습이 좋음
- 잎이 떨어진 오래된 벌브에서는 뿌리 역시 죽음

## ☐ 생리생태
○ 생육습성
- 리드(Lead)의 전개
  - 보통 벌브로 불리는 심비디움 줄기의 비대한 부분에는 엽수와 같은 수의 마디가 있고, 가운데 기부 1~2마디를 제외하고는 액아가 있음
  - 액아는 리드 벌브가 비대하기 전후에 각 마디에서 발달한 것으로, 그 크기는 위치에 따라서 다름
  - 일반적으로 길이 1cm 전후의 둥글고 충실한 눈은 위구경이 기부에 있는 눈이며, 이보다 위에 있는 눈은 작고 납작한 잠아(潛芽) 상태로 있음
  - 리드 벌브는 일반적으로 가을부터 봄에 신장을 시작하며, 이미 분화된 잎을 차례로 전개하고 액아를 형성하면서 생장함
  - 모든 잎이 전개되고, 잎의 신장이 정지할 때가 되면 이제까지 비대하지 않고 있던 짧은 줄기는 중앙에서부터 선단부가 급속하게 비대함
  - 맹아에서부터 위구경의 비대 완료, 즉 리드벌브 완성까지는 품종과 환경에 의해서 차이가 있고 8~12개월 소요됨
- 리드 벌브의 생장
  - 장일, 고온, 고조도, 다비 등에 의해서 촉진되며, 고온과 다비 조건에서는 잎의 신장이 장기간 계속되나 줄기 비대가 지연되어 결과적으로 충실하지 못한 위구경이 됨
  - 일반적인 환경에서는 잎의 생장이 봄부터 여름에 빠르고 6월 이후 잎의 생장이 서서히 정지하며, 이 시기에 위구경이 발달하여 이때 화아형성이 시작됨

- 꽃눈(화아)
  · 화아로 되는 것은 리드 벌브의 기부로부터 2~4번째의 가장 발달한 액아이지만 이들이 화아로 될 수 있는가 또는 이들 중에서 어느 것이 화아로 발달하느냐 하는 것은 온도와 리드 벌브 생육상태에 따라서 달라짐
  · 대부분 자연의 화아형성기에는 충분한 엽수의 전개와 신장이 거의 끝난 상태임
  · 코수기(Kosugi) 등에 의하면 화아는 액아 정단부의 비대로 시작되고 소화의 포, 소화의 원기, 꽃받침, 꽃잎, 꽃술, 꽃밥(약), 입술머리(주두)의 순으로 형성되며, 이 과정은 매우 급속하게 진행되며 2개월 동안에 꽃차례(화서)는 완성됨

O 화아 형성과 광조건
  - 심비디움의 개화에 관한 초기 연구에서는 일장과 관계없이 화아 형성이 일어난다고 했음
  - 자연광의 30, 50, 70, 90%를 감광하여 심비디움 '란세롯트 야고토'를 재배하면 고조도(50,000~70,000Lux)에서는 리드 벌브의 잎이 짧고 위구경은 크며 충실하게 발달함
  · 이에 비해 저조도(30,000Lux 이하)에서 리드 벌브의 잎은 도장 하고 위구경은 크고 빈약하게 됨
  · 이들 리드 벌브의 개화를 조사한 결과에 의하면 화아형성기, 개화기, 꽃 품질 등과 조도와의 관계는 거의 무관함
  · 그러나 화아 출현률은 고조도일수록 높고, 저조도에서는 매우 낮았음
  · 고조도에서는 저조도에 비해서 리드 벌브의 당 함량도 많고, 위구경의 비대도 좋았음
  · 이와 같이 조도는 광합성을 통하여 간접적으로 꽃줄기(화경) 출현에 영향을 미치는 것으로 보임

- 자생지의 조도가 낮은 것이나 고온에서는 광합성의 광포화 점이 비교적 낮다는 것을 고려하면 심비디움 재배 시 조도는 낮게 할 필요가 있음
· 그러나 잎의 도장을 막고 형성되는 화아 수를 늘리기 위해서는 적어도 50,000~70,000Lux의 광이 필요함

○ 화아형성 개화와 온도 조건
- 화아형성
· 우리나라에 있어서 화아형성기는 보통 6~10월이며, 이것은 심비디움의 화아형성이 고온에 의해서 촉진되는 것으로 생각할 수 있음
· 리드 벌브의 생장 초기부터 여러 가지 온도 조건에서 재배하여 화아형성과 온도와의 관계를 조사했음
· 그 결과 심비디움 '란세롯트 하쯔시모'는 30~20/20~10℃의 범위에서 화아를 형성했음
· 리드 벌브 잎과 줄기의 당 함량, 위구경의 비대율은 고온에서 감소하고 저온에서 증가함
· 앞에서 언급한 조도와 화아형성과의 관계에서 같이 온도에 의한 위구경의 영양적 충실도 차이가 화아 수 차이로 나타나는지도 모름
- 개화
· 화아형성에 대한 온도반응은 종과 품종에 따라서 다르지만 화아의 완성으로부터 개화까지 발달은 냉온에서 촉진되고 고온에서 억제됨
· '란세롯트 하쯔시모' 화아는 10~20℃에서는 정상적으로 개화하나 30/20℃(주/야온) 또는 이보다 고온에서는 화분의 형성이 저해되고, 소화는 고사하며 때로는 화서 전체가 고사함(Blasting 또는 꽃떨림현상)
· 이러한 소화의 고사는 화경의 신장 전후에도 발생함
· 화경의 신장과 개화에 적당한 온도는 비교적 낮으며, 심비디움 '콘챠'의 화경 4~5cm의 화서는 최저야온 11℃에서, '메리핀체스 더킹'의 화경 5~7cm의 화서는 15℃에서 가장 빨리 개화함

- 물론 5℃ 전후에서도 개화가 지연될 뿐 화아는 정상적으로 발달함
- 현재 주요 몇몇 품종에서 5~9월에 형성된 화아가 주간 35~40℃, 야간 20℃ 전후인 7~9월을 경과하여 정상적으로 발달하고 연내에 개화하므로 야간온도가 낮으면 주간온도가 높더라도 화아의 발달에는 장해가 일어나지 않을 것으로 봄

○ 고온에 의한 화서의 고사
- 화아발달은 고온에서 억제되며, 이것은 우리나라에서 조기 개화를 목적으로 할 때는 중대한 문제가 됨
- 이제까지 밝혀진 바로는 화아의 고사가 발생할지 어떨지는 온도와 지속시간에 의해서 설정됨
- 온도면에서 보면 '란세롯트 하쯔시모'의 경우 20/10℃(주/야온)에서 모든 화서가 개화하지만 25/15℃에서는 일부가, 그리고 30/20℃에서는 거의 모든 화서가 고사함
- 9월 이전에 형성되는 '하루노우미'의 화서는 30/25℃(주/야온)에서 모두 고사하지만 20/15℃ 이하에서는 거의 정상적으로 개화함
  - 또한 최저 야간온도 17℃에 둔 '콘챠'의 경우에는 화경의 신장 후에 일부 소화가 고사함
  - 고온의 지속 기간과 화서의 고사와 관계에서 '하루노우미' 품종의 화서는 고온 30/25℃(주/야온)에서 20일간 고온처리로는

〈고온에 꽃대 고사〉

거의 영향을 받지 않고 개화하지만, 고온 기간이 길어짐에 따라 고사율이 증가하고 60일간 고온처리에서는 거의 모든 화서가 고사했음
- 실제 심비디움 재배 시 고온이 문제가 되는 것은 여름이며, 화아 고사를 피하기 위해서는 냉방 또는 어떠한 방법으로든 화아분화를 지연시켜서 화아를 20일 이상 고온에 노출되지 않도록 하는 것이 필요함

- 화아분화의 조만(早晩)은 리드 벌브 잎의 생장 정지와 위구경 비대의 조만에 의해서 결정되고, 리드 벌브의 생육은 일반적으로 맹아가 빠를수록, 또한 겨울철 난방온도가 높을수록 촉진됨
· 따라서 화아분화기를 지연시키기 위해서는 ① 가온시기 ② 적아에 의한 맹아 ③ 겨울 온도를 낮게 유지해서 생육을 지연시키는 등의 방법을 생각할 수 있음
· 단 리드 벌브의 생장 속도는 품종에 따라서 차이가 있으며 겨울 저온이 후작용으로 화아성숙을 촉진하는 예도 있으므로 재배 기술로 화아분화를 정확하게 조절하는 것은 어렵고, 조기 개화를 목적으로 하는 재배뿐만이 아니고, 적어도 8월 이전에 화아분화를 목적으로 하는 재배에서는 화서의 고사가 발생하기 어려운 품종을 선택하든지 15~20℃의 온도를 유지하는 수단을 마련하지 않으면 안 됨

☐ 재배기술
  ○ 용토
  - 심비디움은 용토에 대한 적응성이 넓지만, 통기성이 장기간 유지되는 것이 좋음
  - 보수성과 보비성의 결점은 관수와 시비관리로 보완하고, 즉 심비디움의 용토는 통기성을 갖는 것 외에 병이 없고, 구입이 쉬우며, 가격이 저렴한 것이면 좋음
  - 바크류를 용토로 사용할 때 바닷물에 저장한 목재로부터 얻은 바크나 해변 가까이 있는 야자나무로부터 얻은 바크는 나트륨(Na)을 많이 함유하고 있어서 나트륨(Na) 과잉 흡수에 의한 엽고현상의 발생 원인이 되기 때문에 구매 시 주의가 필요함

<나트륨 과잉에 의한 엽고현상>

<사용 전 바크를 물에 담그는 모습>

- 심비디움의 용토로서 암면도 이용되고 있으며 분갈이가 용이하고 재배관리의 균일화와 토양병해의 예방 등의 이점이 있어 실용성이 높다고 생각됨
- 배지 종류별 생육과 개화는 전반적으로 훈탄과 입상암면이 바크에 비하여 우수하였음
  · 그러나 입상암면의 가격이 훈탄의 5배 이상으로 비싸므로 훈탄을 사용하는 것이 경제적임

<배지종류가 심비디움 품종별 생육 및 개화에 미치는 영향>

| 품종 | 배지 종류 | 초장 (cm) | 엽수 (매/위구경) | 위구경 수 (개/분) | 화경 수 (개/분) | 화경장 (cm) | 꽃 수 (개/화경) |
|---|---|---|---|---|---|---|---|
| 허스키 허니 | 바크 | 59 | 10.6 | 4.8 | 2.8 | 44 | 13.6 |
|  | 암면 | 70 | 11.6 | 5.2 | 4.2 | 48 | 13.2 |
|  | 훈탄 | 74 | 12.6 | 4.6 | 4.6 | 51 | 17.2 |
|  | 왕겨 | 69 | 11.8 | 5.2 | 5.2 | 52 | 15.0 |
| 마릴린 먼로 | 바크 | 63 | 9.6 | 3.2 | 1.6 | 37 | 7.6 |
|  | 암면 | 75 | 11.6 | 3.6 | 2.0 | 37 | 9.2 |
|  | 훈탄 | 78 | 12.8 | 3.2 | 2.6 | 39 | 9.8 |
|  | 왕겨 | 62 | 11.4 | 3.2 | 1.4 | 38 | 9.2 |

○ 시비관리
 - 고형비료
  · 심비디움 비료로는 깻묵, 골분, 액비, 고형화성 비료가 이용되지만 농가에서는 주로 깻묵을 이용한 시비가 가장 많음
  · 이러한 유기질 비료는 매월 화분마다 일정량(10~15g씩)을 시용하기 때문에 많은 노동력이 들고, 비료 성분이 균일하지 않으면 생육의 불균형이 초래됨

- 시비 방법으로써 노동력 절감과 고품질 생산을 위하여 최근 양액재배의 필요성이 대두되고 있지만 아직은 일반화 되어 있지 않으나 대체로 양란 재배에는 국내산 제4종 복합비료(비왕, 나르겐, 북살 등)나 외국에서 수입된 제4종 복합비료(하이포넥스, 피터스, 나이트로자임 등)를 1,000~2,000배로 시용하고 있음
- 최근 완효성비료(오스모코트, 몰코트, 롱거 등)를 사용하고 있으나 외국산 비료는 가격의 부담이 큼
- 심비디움 묘 크기 및 배지 종류별 시비량을 시험한 결과 유묘인 '노부코'의 경우 피트모스 2g, 피트+펄라이트 2g에서 초장 등 생육특성이 우수하였으며, 피트모스와 피트+펄라이트는 비료량이 증가할수록 고사율이 높게 나타났음
- 피트모스를 배지로 사용할 때 비료량은 다른 배지보다 1/4 정도로 적게 주어야 할 것으로 봄

○ 온도 및 광 관리
- 온도
 - 온도는 심비디움의 생육 및 개화에 가장 큰 영향을 미치기 때문에 생육단계별 온도관리가 매우 중요함
 - 고온에서는 초기생육이 왕성하나 생장이 빨리 정지됨
 - 겨울철 야간온도(5~20℃)가 높을수록 엽수는 증가하지만 건물중은 차이가 없음
 - 생육적온은 주간 20~25℃이고 야간은 이보다 10℃ 정도 낮은 것이 이상적임
 - 겨울철 야간온도 관리는 재배 작형에 따라 조금씩 다르며 일반적으로 1년째의 겨울 야간온도는 15~20℃로, 2년째는 10~15℃로, 개화 그해는 2~15℃로 관리함
 - 온도에 따른 심비디움의 개화반응은 품종에 따라 다르며 만생종은 조생종보다 높은 야간온도를 유지해야 개화가 촉진됨

- 또한 적색 꽃 품종은 저온에, 황색과 녹색 꽃 품종은 고온에서 화색이 좋게 나타남
- 광 관리
- 심비디움은 호광성 난으로 기온이 아주 높지 않으면 80,000Lux 정도의 강한 광선에서도 잘 자라고 화아분화 이후에는 30,000Lux 정도로 다소 낮은 광선에서 잘 자람
- 특히 녹색과 황색꽃 품종은 개화기에 차광을 해주는 것이 좋음
- 6월부터 8월까지는 자연기온이 높으므로 재배 하우스의 비닐을 걷어 올리고 차광망을 설치하여, 여름을 넘긴 후 차광망을 걷어서 심비디움이 충분히 광선을 받게 하면 꽃이 잘 피게 되고 병해도 예방됨
- 지나친 차광에 의한 광도의 저하는 잎의 웃자람(도장)과 처짐을 유발해 상품성이 떨어지게 함
- 차광 정도는 50%가 좋지만, 일소 현상이 일어나기 쉬운 대형종 품종에서는 70% 정도로 차광을 강하게 하는 것이 좋고, 고랭지 재배 시 개화주의 꽃떨이현상(Blasting)을 피하려면 30% 정도 차광하는 것이 좋음
- 심비디움은 일소 현상이 생기지 않는 범위 내에서 가능하면 광을 충분히 받을 수 있는 환경에서 재배해야 우수한 상품을 생산할 수 있음
- 관수
- 9cm 포트로 심은 어린 모는 용토의 건조 상태를 보면서 아주 섬세한 관수 관리를 하고, 중묘 이상은 관수 노력의 생력화를 위해 자동관수장치로 관수함
- 자동 관수에서 주의하지 않으면 안 되는 점은 관수량이 다르면 비료의 비효 지속 기간이나 비효 정도가 변하기 때문에 관수량이 전체적으로 균일하게 되도록 해야 함

- 관수 회수는 여름의 경우 아침저녁으로 2회, 여름 이외에는 1~2일에 1회가 좋고, 겨울 동안은 관수를 하지 않는 농가도 있으나 야온을 저온 관리 할 때도 낮 동안 충분히 온도가 상승하기 때문에 뿌리가 활동하고 있어 근권(根圈)의 공기 조성을 갱신시키기 위해서도 2일에 1회는 관수하는 것이 좋음
- 관수량은 화분 밑으로 흐를 만큼 충분히 주고, 관수 시 수질을 사전에 조사하여 분석해 두는 것이 좋음
- 시기나 계절에 따라서 수질이 변하는 예도 있으므로 단 한 차례의 수질분석 자료만으로는 충분하지 않고, EC(전기 전도도)가 높거나 나트륨(Na) 농도나 규산($SiO_2$) 함량이 높은 물은 사용하지 않는 것이 좋음
- EC가 2.0mS/cm를 넘으면 농도장해에 의하여 생육이 억제될 수 있음

- 눈(芽) 따기
- 개화 리드 발생 시기는 개화기를 결정하는 큰 요인 중 하나이며, 리드의 발생 시기 조절은 불필요한 시기에 발생하는 리드는 따버리고, 개화를 목적으로 하는 시기의 리드를 남기는 극히 소극적인 방법밖에 없으나, 다만 리드의 발생은 다비, 고온, 다습, 약광 조건에서 촉진됨
- 일반적으로 6~8월의 고온기에 발생하는 리드는 평지의 고온 조건에서 관리할 때는 화아를 맺는(형성하는) 충실한 벌브가 되지 않기 때문에 따버림
- 눈따기하여 리드의 수를 제한하는 것도 중요해서 한 화분당 개화 리드 수는 중대형종에서는 많아도 3개, 소형종은 4개로 제한함
- 또 개화 리드의 생육 중기 경부터 이 개화 리드에서 새로운 개화 리드가 발생하나, 새로운 리드를 그대로 남겨두면 개화 리드가 화아분화 하지 않기 때문에 새로운 리드는 작을 때 따버리고, 눈 따는 시기는 작형, 모종의 도입시기, 리드의 성숙도, 품종 등에 따라 다름

- 분갈이
  · 분갈이는 뿌리가 꽉 차기 전에 하며, 출하분에 분갈이할 때는 개화 리드가 발생하기 전에 끝냄
  · 분은 육묘 중에는 폴리에스터 분이 좋고, 출하분은 고랭지 재배 시 (산상재배라고도 함) 운송 노력의 경감을 하기 위해 플라스틱분이 좋음

□ 심비디움 개화 소요기간 단축을 위한 묘 적정 입식시기 설정

(영농활용: 2022 국립원예특작과학원)

○ 배경
- 인공 배양 환경에서 자란 심비디움 배양묘는 급격한 환경 변화에 취약하므로 주로 여름과 겨울을 피해 국내에서는 봄 또는 가을에 입식함
- 최적의 묘 입식시기를 설정함으로써 묘 영양생장을 촉진하고 재배 연한을 단축한다면 묘 품질을 높이고 농가 경영비를 절감할 수 있음

○ 개발된 영농기술정보
- 국산 심비디움 '루비볼'은 봄 입식 시 가을 입식 묘 대비 전 재배 기간 동안 초장, 엽수, 벌브 수, 벌브 직경 등 생육 특성이 우수하였으며, 개화 소요 기간을 약 6개월 단축할 수 있는 효과가 있음

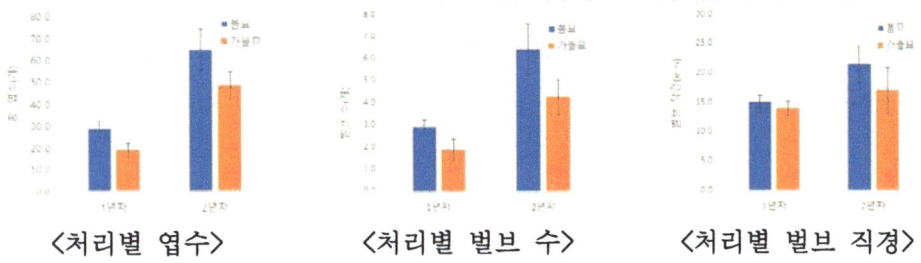

&lt;처리별 엽수&gt;     &lt;처리별 벌브 수&gt;     &lt;처리별 벌브 직경&gt;

○ 파급효과
- 봄 묘 입식관리를 통한 초기 묘 생육 촉진 및 개화 소요 기간 단축
- 심비디움 재배 연한 단축을 통한 농가경영비 및 노동력 절감

## 2. 정원과 도시녹화

☐ 베란다 정원(veranda, 庭園)
  ○ 베란다 환경
   - 실내 공간은 구조물에 의해 햇빛이 들어오는 양이 매우 적어 실내 식물은 적은 빛에서도 잘 견디는 관엽식물을 위주로 기르고, 베란다는 큰 창문을 통해 비교적 햇빛이 잘 들어오는 공간이므로 빛을 많이 필요로 하는 꽃식물을 기르기 좋음
   - 빛(光)
     · 베란다의 빛은 창문으로 들어오는 햇빛에 크게 의존함
     · 베란다에 햇빛이 투과되는 것은 베란다의 방향, 계절별 태양의 고도, 창문과의 거리 등에 따라 다르므로 식물에 적합한 빛 조건이 되도록 배치해야 함
     · 동향 베란다는 해가 뜰 때 실내로 빛이 들어오기 시작하여 오전 10시 전후에 최고였다가 정오가 지나면서는 실내로 빛이 거의 들어오지 않음
     · 반대로 해가 지는 방향인 서향 베란다에서는 오전에는 빛이 거의 들어오지 않다가 정오 이후 점차 증가하며 14시경 최고가 됨
     · 남향 베란다의 경우 동향보다는 실내로 빛이 들어오기 시작하는 시각이 늦지만, 실외의 광량과 시간대별로 유사한 변화 경향을 보이며, 낮에 대부분 빛이 들어옴
     · 베란다 내 하루 누적 광량(일적산광량)은 동향과 서향에 비해 남향 베란다가 높았음

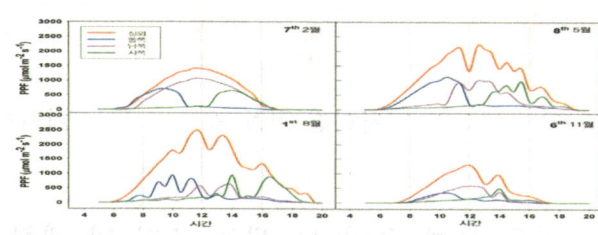

〈베란다 내 계절별 광량 변화〉

※ 출처: 베란다 꽃 가꾸기, 2017

<베란다 방향에 따른 계절별 베란다 내 일적산광량>

| 시기 \ 방위 | 실외 | 동향 베란다 | 남향 베란다 | 서향 베란다 | 일장(시간) |
|---|---|---|---|---|---|
| 봄(3~5월) | 39.9 | 10.5 | 14.9 | 10.0 | 13.0 |
| 여름(6~8월) | - | 8.6 | 8.2 | 8.8 | 13.8 |
| 가을(9~11월) | 29.7 | 5.5 | 10.2 | - | 11.7 |
| 겨울(12~2월) | 20.7 | 5.5 | 11.2 | 4.9 | 10.4 |

※ 일적산광량: 5 이하 매우 낮은 광량, 5-10 낮은 광량, 10-20 중간 광량, 20-30 높은 광량
  계절 및 날씨에 따른 일적산광량 여름철 맑은날 26, 흐린날 12, 겨울철 맑은날 9, 흐린날 3
※ 출처: 베란다 꽃 가꾸기, 2017

- 온도
  · 베란다는 방향에 따라 햇빛이 들어오는 특성이 다르므로 온도 또한 다르고, 일평균 온도가 같더라도 오전에는 햇빛이 잘 드는 동향 베란다의 온도가 높고 오후에는 서향 베란다의 온도가 높으며, 남향 베란다는 오후 한 시를 전후한 한낮에 최고 온도를 나타냄
  · 베란다는 실내 공간과 실외 공간의 완충지로 겨울철 실외보다 높은 온도를 유지하지만, 한겨울에는 10℃ 이하로 떨어지기도 하므로 냉해를 주의해야 함

<베란다 방향에 따른 계절별 베란다 내 평균기온>

| 시기 \ 방위 | 실외 | 동향 베란다 | 남향 베란다 | 서향 베란다 |
|---|---|---|---|---|
| 봄(3~5월) | 15.3 | 22.9 | 23.2 | 23.7 |
| 여름(6~8월) | - | 29.3 | 28.2 | 28.5 |
| 가을(9~11월) | 21.9 | 26.2 | 24.5 | - |
| 겨울(12~2월) | 10 | 11.7 | 15.1 | 13.0 |

※ 출처: 베란다 꽃 가꾸기, 2017

- 상대습도
  · 고온기에는 창문을 열어 환기하므로 실내외 상대습도 차이가 크지 않음
  · 그러나 환기를 하지 않을 때는 베란다 내 온도가 상승함에 따라 상대습도는 감소하는 경향을 보임

○ 베란다 정원의 식물
- 식물 특성에 따른 재배 시기
 · 베란다 환경에서 기르기 좋은 계절은 식물의 종류에 따라 다르며, 일반적으로 고온에 조건인 열대지역이 원산인 꽃식물은 4월부터 10월까지 기르기 좋고, 온대 원산의 꽃식물은 11월에서 이듬해 4월까지 베란다에서 기르기에 적당함
- 식물 분류
① 온대산 초화: 팬지, 프리뮬라, 데이지, 시클라멘, 제라늄 등

<제라늄>

<시클라멘>

② 열대산 초화: 임파첸스류(서양 봉선화류), 꽃베고니아, 콜레우스 등
③ 관엽식물: 스킨답서스, 고무나무류, 관엽고사리류, 금식나무, 드라세나, 디펜바키아, 멕시코 소철, 몬스테라, 관엽베고니아, 사철나무, 소철, 쉐플레라, 싱고니움, 아글라오네마, 아라우카리아, 알로카시아, 야자류, 제브리나, 칼라데아, 크로톤, 파키라, 피토니아, 필로덴드론 등

<알로카시아>

<관엽베고니아>

④ 다육식물: 산세베리아, 비모란선인장, 게발선인장, 꽃기린, 러브체인, 방울선인장, 에케베리아, 오푼티아. 칼랑코에, 크라슐라, 호야 등

<산세베리아>

<선인장>

⑤ 여러해살이 초화 및 꽃나무: 군자란, 란타나, 베고니아류, 산호수, 자금우, 백량금, 아프리칸바이올렛, 아나나스류, 안스리움, 익소라, 아잘레아, 포인세티아 등

<산호수>

<안스리움>

⑥ 허브류: 라벤더, 로즈마리, 민트류 등

<라벤더>

<로즈마리>

## ☐ 정원용 초화류 유통 차량 내 온습도 환경정보

(영농활용: 2023 국립원예특작과학원)

○ 배경
  - 정원 식물의 유통과정에서 발생하는 온도(고온, 저온), 습도 환경으로 인한 식물 스트레스는 식재 후 정상적인 생장에 영향을 미침
  - 현재 정원 식재용 초화류의 운송 차량 유형별 환경정보 조사를 통해 건전 묘의 최적 환경에서 유통되는 방안 마련 시급

○ 개발된 영농기술정보
  - 정원용 초화류 유통 환경(온·습도)
  * 운송차량 종류: 일반차량(1톤 트럭), 천막포장차량(탑차), 밀폐차량(윙바디)
  * 초화류 유통 형태: (대규격) 개별화분, (소규격) 종이박스 포장

〈일반차량(1톤트럭)〉 〈천막포장차량(탑차)〉 〈밀폐차량(윙바디)〉 〈종이박스포장〉

  · 5~6월(외기 19.5~28.4±1.8℃) 식물스트레스 발생 유통환경
    * 일반트럭 종이박스포장 내부: 습도(99.4~100±0.36%) 매우 높음
    * 천막포장차량 내부: 온도(20.1~36.2±1.8℃) 높음
  · 7~8월(외기 25.5~34.9±2.4℃) 식물스트레스 발생 유통환경
    * 일반트럭, 천막포장차량 내부: 온도(34.6~41.5±0.4℃) 매우 높음
      → 밀폐차량(29.1±0.2℃) 적합

○ 파급효과
  - 디지털 기술을 적용한 화훼류 고효율 유통관리시스템 개발

# Ⅳ. 특용작물

## 1. 인 삼

☐ **본밭 해가림 설치** (참고: 표준인삼경작방법/농촌진흥청)
○ 지형에 따라 합리적인 해가림 구조를 선정
 - 평지, 남향, 서향 경사지는: 후주연결식
 - 북향 및 북동향 완경사: 전후주연결식
○ 해가림은 자재의 종류에 따라 목재와 철재로 구분함
○ 해가림시설 자재 준비 유의 사항
 - 해가림 자재는 공급이 여의찮을 수가 있으므로 설치할 해가림 구조를 결정하고, 그 구조에 맞는 자재를 미리 준비하도록 함
 - 해가림 자재 중 목재는 규격품으로 준비해서 고년생까지 폭설이나 폭풍우 피해를 방지할 수 있도록 하여야 함
 - 해가림 피복물 선정은 내구성이 강하고 적당한 수광량 유지 및 온도 상승을 억제할 수 있는 자재를 선택하여 준비하여야 함
○ 해가림시설의 설치시기는 이식 직후 지주를 미리 박고 서까래, 보조서까래, 도리 등을 미리 설치하여야 함
 - 4월 중하순경 출아가 약 50% 되었을 때 피복물을 덮는 것을 원칙으로 하나, 늦서리 피해가 우려되는 지역에서는 출아 전 피복을 완료하여야 함
○ 측후렴 대체용 개량 울타리 설치
 - 인삼밭 주위(1~2m)에 울타리 설치용 지주를 박고 지주 윗부분을 두둑의 지주목과 연결 후, 울타리 측면과 윗부분에 각각 통풍이 양호한 차광망을 부착하여야 함
 - 통로 윗부분 차광망은 완전히 고정시키고, 측면의 차광망은 울타리 높이 조절이 가능하도록 울타리 중간만 고정, 위쪽과 아래쪽은 올리고 내리기 편리하도록 묶어 두어야 함

- 기상 조건에 따른 차광망 조절 방법은 봄철 출아기에는 측면 차광망을 지주 아래부터 상부까지 완전히 올려주어 어린줄기에 상처 및 점무늬병(줄기) 예방하고, 여름철 고온기에는 측면 차광망을 중간까지 내려주어 해가림 내 온도 상승 억제함
- 태풍경보 시에는 측면 차광망을 완전히 올려주고, 태풍경보가 해제되면 다시 내려주어야 함
○ 철재 후주연결식 해가림 구조

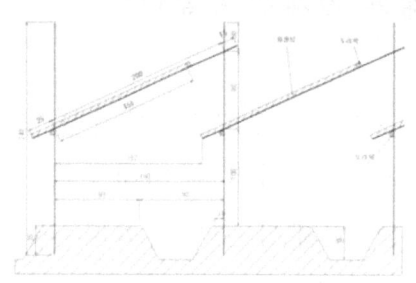 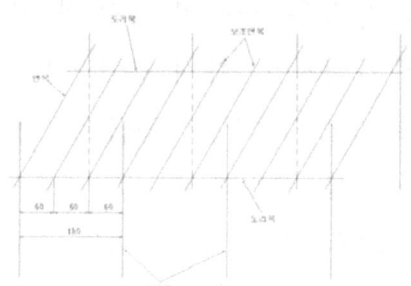

〈철재 후주연결실 A형(표준형) 구조〉  〈철재 후주연결식 A형(표준형) 설치방법〉

○ 목재 후주연결식 및 전후주연결식 해가림 구조

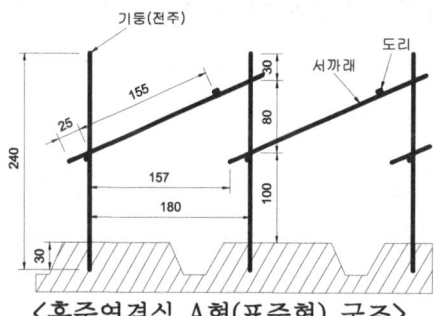 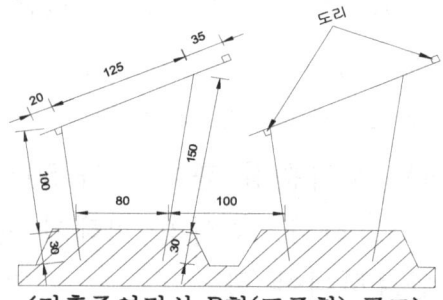

〈후주연결식 A형(표준형) 구조〉  〈전후주연결식 B형(표준형) 구조〉

□ **모밭 해가림 설치**(참고: 표준인삼경작방법/농촌진흥청)
○ 가을 파종 후 또는 봄 땅이 녹은 후 싹이 트기 전에 기둥을 박고 서까래, 도리 등을 설치함
○ 저온피해가 우려되는 지역은 4월 초순경 발아하기 전에 피복물을 덮어야 함
○ 모밭은 누수가 되면 병 발생이 심하므로 두둑에 누수가 되지 않도록 피복물(PE 차광망, 차광지 등)을 덮어야 함

## ▢ 국립원예특작과학원-㈜경농, 인삼 이어짓기 피해 줄이기 맞손

(보도자료: 2024.11.01. 농촌진흥청)

○ 농촌진흥청 국립원예특작과학원과 ㈜경농이 인삼 이어짓기 피해(연작장해) 경감을 위한 기계화 기술 개발에 힘을 모으기로 했음
○ 두 기관은 2024년 10월 31일 국립원예특작과학원 인삼특작부(충북 음성)에서 업무협약을 맺었음
○ 인삼은 한 번 농사를 지은 곳에서 다시 농사를 지으면 특정 토양병 등으로 이어짓기 장해가 발생함
○ 이러한 문제를 해결하기 위해 국립원예특작과학원은 풋거름작물 재배, 소독(훈증), 병원균 억제균(길항균) 투입을 하나로 묶은 종합방제기술을 개발, 보급해 왔음
 - 인삼 이어짓기 장해 경감을 위한 융복합팀(TF)을 출범시켜 운영해 왔음
○ ㈜경농은 트랙터에 토양 소독제를 부착해 사용하는 기술과 관련 제품을 보유한 농약 판매 업체임
○ 두 기관은 앞으로 △토양 소독제(훈증제) 노지 처리기 실증과 장비 개선 △토양 소독 기계화 기술 투입 효과 검정 △인삼 이어짓기 장해 경감을 위한 기술 교류 등에 지속해서 협력해 나갈 계획임
○ 이번 협업으로 이어짓기 장해 방지 기술이 개발되면 토양 소독에 드는 노동력은 절감하고 소독 효과는 한층 높아질 것으로 기대함
○ 농촌진흥청 국립원예특작과학원은 "인삼 산업에서 이어짓기 장해 경감 기술은 시급히 개발되어야 할 기술 중 하나다."라며 "민간의 우수한 기술을 적극 수용해 종합방제기술을 발 빠르게 마련함으로써 인삼 산업의 새로운 발전을 모색하겠다."라고 전했음

## ☐ 이중구조 하우스 활용 인삼 안정생산 시범

(2025. 신기술보급시범사업: 국립원예특작과학원 기술지원과)

○ 사업 목적
- 자연재해 대응 및 노동력 절감형 인삼재배 시스템 보급으로 안정생산 기반 확보
- 고온극복 내재해형 인삼 이중구조 하우스 시설 안정 정착
- 이중구조하우스 활용 인삼재배 선도농가의 신기술 수용을 통한 현장 보급

○ 주요 관련기술
- 인삼 이중구조 하우스를 활용한 인삼 안정재배기술
  · 하우스: 고온 피해 방지를 위한 천장 개방 및 차광망을 띄운 구조
  * 최고 기온이 기존 해가림보다 1~3℃, 기존 하우스보다 3~5℃ 낮음
  · 필름: 생육 최적 광 환경 조성, 0.25mm 두께로 내구성 향상(10년)
  * 기존 해가림 대비 고온 피해 70%↓, 근중 28%↑, 수량 2.3배

○ 사업규모
- 사업비: 개소당 40백만원(국비 50%, 지방비 50%)
- 규  모: 개소당 이중구조 하우스 1동(660㎡ 정도)

○ 시범요인
- 인삼 내재해형 이중구조 하우스 시설 규격 및 설치 기술
- 백색직조필름, 온도감응 차광망 등 활용 기술

○ 지원내역
- 내재해형 인삼 이중구조 하우스, 백색직조필름, 온도감응 차광망 등

○ 기대효과
- 인삼 재배시설 고도화를 통한 생산성 향상에 기여
- 자동화, 연속재배, 병해감소 등 재해 대응 및 생력화 재배 가능

## 2. 황기

☐ 재배방법

○ 종자 준비
- 종자를 구매해서 파종할 때 묵은 종자를 잘못 구매하면 발아율도 나쁘고, 발아되더라도 생육상태가 좋지 않으므로 종자의 색깔이 흑갈색으로 윤택이 나고, 1L 종자 무게가 750g 이상 되는 충실한 햇종자를 택하여야 하며, 종자에 불순물이 섞이지 않도록 정선 하여 파종해야 함
- 보통 1년생 식물체에서 10a당 30L(22.5kg) 정도 채종이 가능함
- 자가 채종할 때는 우량한 개체를 따로 심어서 종자를 채종하면 균일한 집단을 얻을 수 있음
- 황기 GAP 인증 재배 시 농산물 우수관리 인증품 생산에 사용되는 종자는 시중 유통 종자를 사용할 경우〈종자산업법〉에 따른 보증 표시 또는 품질 표시가 되어 있는 종자를 선택하여 재배함
- 자자 채종하는 경우에는 종자의 생산 정보(생산 지역, 품종명, 생산자, 생산연월 등)을 기록·관리하여야 함

○ 파종
- 황기는 직근성 작물로 육묘 이식으로 번식하는 것은 생육이 더디거나 활착이 되지 않으므로 직파재배를 함
- 파종 시기는 봄과 가을이며, 가을 파종을 할 경우는 어린싹이 언 피해를 받는 경우가 있으므로 가을 파종보다는 봄 파종이 좋음
- 파종 전에 밭 전체에 밑거름을 골고루 뿌리고 깊이 갈아서 전층 시비가 되도록 하며, 90~120cm의 두둑을 만듦
- 두둑은 이랑이 높을수록 뿌리 자람이 좋아지므로 이랑 높이 40cm로 재배하면 이랑 높이 10cm에서 재배한 것보다 1년근, 2년근 모두 수량이 증가하고, 뿌리썩음 증상 발생이 감소함

## ☐ 발효 황기, 인지능·장내 미생물 개선 효과 확인

(보도자료: 2024.04.18. 농촌진흥청)

○ 농촌진흥청은 누룩 유래 미생물로 발효한 황기가 당뇨로 생긴 인지능 장애와 장내 미생물 개선에 효과가 있음을 확인했음

○ 연구진은 황기 뿌리를 분쇄해 멸균한 후 아스퍼질러스 아와모리(*Aspergillus awamori*)를 접종한 누룩을 섞어 발효했고, 이후 85℃ 뜨거운 물로 추출한 후 농축, 동결건조해 발효 황기 추출물을 제조했음

○ 발효 황기 추출물을 당뇨병 쥐에 3개월 먹인 결과, 기억력이 개선*됐음을 확인했음

 - 스트레스 상황에서 발생하는 코르티솔 호르몬이 정상 쥐와 비슷한 수준으로 감소했으며, 치매 원인 물질 중 하나로 알려진 아밀로이드 축적도 36% 줄었음

  * 공간지각능력(Y-maze)시험: 행동 유형 측정 방법 중 하나

○ 이와 함께 발효 황기를 먹은 쥐의 변을 분석해 보니 배변을 정상으로 조절하는 장내 유익균 라크노스시라피에(*Lachnospiraceae*)가 30% 이상 차지했고, 락토바실라시에(*Lactobacillaceae*)가 정상 쥐와 비슷한 수준으로 증가했음

○ 농촌진흥청은 발효 황기를 가바(GABA)* 함량이 높은 발아 흑미와 섞어 만든 영양죽, 양갱 조리법도 개발해 고령친화식품** 소재로의 활용 가능성을 확인했음

  * 가바(GABA): 뇌, 척수에 주로 존재하는 중추신경계 억제성 신경전달물질로 혈압강하, 당뇨병 예방, 우울증 완화 효과가 있음.
  ** 고령친화식품: 고령자의 식품 섭취나 건강 등을 돕기 위한 목적으로 제조·가공한 식품

○ 이번 연구 결과는 한국식품영양학회지에 논문으로 게재됐으며, 특허출원*도 완료했음

\* 인지능 및 장내 미생물 개선 효능이 있는 발효 황기 조성물(10-2021-0173487), 황기 발효물 첨가에 따른 기호 및 풍미가 증진된 발아 흑미죽의 제조방법 (10-2023-0137582), 발효 황기 첨가한 발아흑미 또는 흑미 양갱의 제조방법 (10-2023-0137710)

○ 농촌진흥청 국립농업과학원은 "국내 농식품 산업 발전을 위해 발효 가공 기술을 지속 개발하고, 고품질 국산 원료의 이용 확대, 고령 친화식품 개발 등에 활용해 관련 산업의 활성화를 도울 계획이다." 라고 말했음

## 발효 황기 인지능·장내 미생물 개선 효과

1. 발효 황기의 인지능 및 장내 미생물 균총 개선 효과 구명
  ○ 발효 황기 추출물 제조
   - 황기 뿌리를 조분쇄하여 멸균시킨 다음, 아스퍼질러스 아와모리(*Aspergillus awamori*)를 접종한 누룩을 혼합한 후 발효시켰으며 동결 건조한 발효 황기를 85℃ 열수 추출하여 감압·농축한 뒤, 동결건조하여 추출물을 제조하였음
  ○ 인지능력 개선 효과
   - 공간지각능력(Y-maze)시험은 행동 유형 측정 방법 중 한 가지로 가장 기본적으로 평가되고 있음. 당뇨병 모델 쥐(ab/db)에서 가장 낮았으며 메트폴민을 적용한 쥐(MT)보다 발효황기군(FAM)이 a, b, c 미로를 도달하는 점수가 높아 기억력 증진에 효과가 있음이 확인되었음
   - 단기기억(Radial arm maze test)은 설치류 모델에서 널리 사용되는 8방 방사형 미로를 이용하여 평가하였음. 당뇨병 모델 쥐(ab/db)는 정상군(ab/m)보다 점수가 낮았으며, 메트폴민 적용군(MT), 황기군(AM), 발효황기군(FAM)에서 점수가 높았음. 그 중 발효황기군이 유의적으로 가장 점수가 높았음

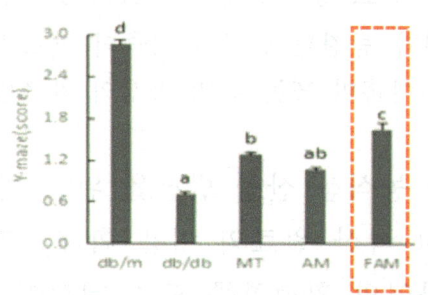 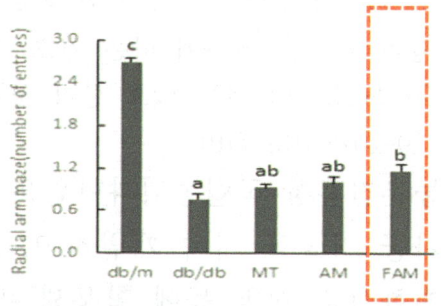

<공간지각능력(Y자형 미로) 효과>   <단기기억능력(8방 방사형 미로) 효과>

○ 스트레스 호르몬 및 아밀로이드 단백질 감소 효과
- 스트레스는 인슐린 분비를 억제하고 간에서 글리코겐 분해를 촉진을 도와 지속적일 경우 췌장 베타세포의 고갈을 초래할 수 있어 당뇨병 관리에서 중요한 지표로 사용됨. 스트레스로 인한 코르티솔(cortisol) 호르몬의 변화를 살펴본 결과, 황기군(AM), 발효황기군(FAM)은 정상군(ab/m)에 가까이 감소돼 스트레스 완화 효과가 현저하게 나타나지만 메트폴민을 적용한 쥐(MT)에서 가장 높게 나타났음
- 아밀로이드는 2형 당뇨병 환자에게서 90% 이상 췌장 소도에 축적되며 세포 조직 내에 축적되는 불용성 단백질로 뇌 조직 내에 축적되면 알츠하이머병이 발병됨. 당뇨병으로 인한 아밀로이드는 메트폴민(MT), 황기군(AM)에서 정상군(ab/m)과 비슷한 양상을 보였으며 특히 발효황기군(FAM)에서 36% 줄어 인지능 개선에 도움을 준 것이 확인되었음

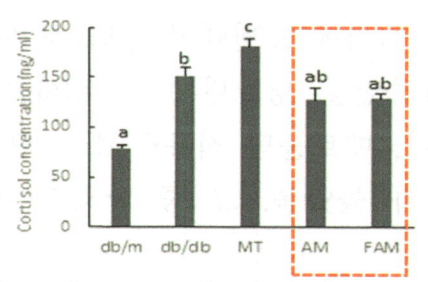 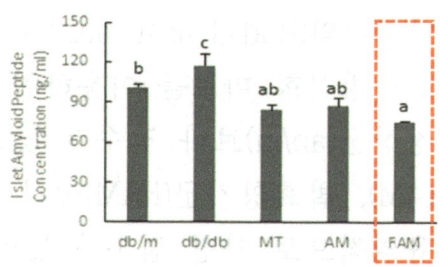

<스트레스 호르몬(코티졸) 감소 효과>   <아밀로이드 감소 효과>

○ 장내 미생물 및 배변에 미치는 영향
- 당뇨병으로 인한 배변 빈도는 당뇨병 모델 쥐(ab/db)에서만 증가했으며 정상군(ab/m), 치료군(MT, AM, FAM)은 유사한 양상을 보였음. 이는 메트폴민(MT)과 발효황기군(FAM)에서 배변 조절 효과가 있는 것으로 보임
- 장내 미생물은 라크노스피라시에(Lachnospiraceae)가 30% 이상 차지하며 황기군이 가장 높게 나타났음. 유익균인 락토바실라시에(Lactobacillaceae)가 발효황기군에서 증가해 정상군과 비슷한 양상을 보였음

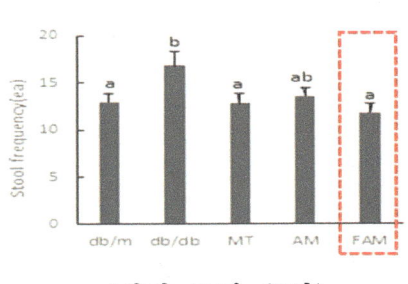

<배변 조절 효과>

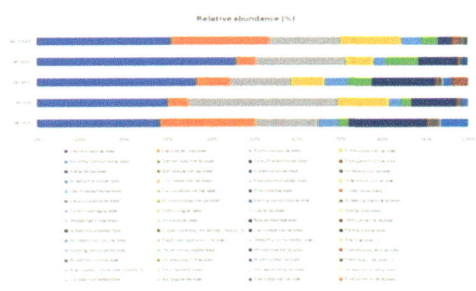

<장내 미생물 균총 변화>

## 2. 고령친화식품 소재로 활용 가능성 확인

○ 목적
- 인지 기능 개선 효능 소재의 활용성 제고를 위해 발아흑미죽에 발효황기를 첨가하여 풍미 및 기능성 효능이 증진된 소재로서 소비자 인식 제고 및 고령친화식품 등 관련 산업 활성화에 목적을 두고 있음

○ 발효황기 첨가 발아흑미죽
- 발아흑미는 흑미 발아 전 20℃에서 24시간 수침 후, 흑미에서 약 2~3cm 싹이 틀 때까지 상온(25℃)에서 발아를 진행하였음. 발아가 완료된 후, 발아흑미를 한번 물로 씻어 열풍 건조한 후 분쇄기를 갈아서 시료로 사용하였음

- 분쇄된 발아 흑미 50g과 물 400mL를 넣고 발효황기 등 소재를 비율별 첨가한 후, 중간에 눌어붙지 않게 저어주면서 죽을 제조하였음. 죽이 완전히 호화된 후에 소금(0.3%)을 가하고 5분간 더 가열하였음
- 발효황기 등 소재를 첨가한 발아흑미죽에서 총 유리 아미노산 분석 결과, 황기 3%와 발효황기 5%의 총 유리 아미노산 함량이 높았으며 감칠맛과 관련된 아미노산인 글루타민산은 발효황기 5%에서 5.2배 증가했음. 특히 노화 개선과 밀접하게 관련된 GABA 함량은 총 유리 아미노산과 비슷한 경향을 보였음

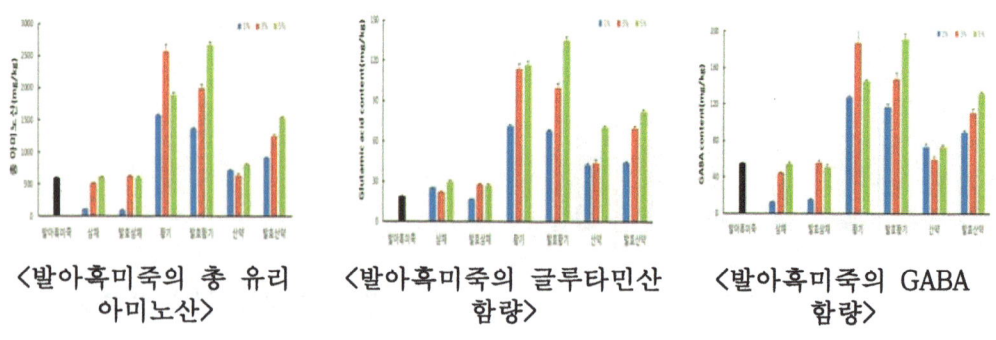

〈발아흑미죽의 총 유리 아미노산〉　〈발아흑미죽의 글루타민산 함량〉　〈발아흑미죽의 GABA 함량〉

○ 발효황기 첨가 발아흑미양갱
- 발아 흑미 페이스트는 분쇄한 발아 흑미 분말에 물을 5배로 넣은 후, 설탕을 발아 흑미 분말의 2배, 소금을 조금 가미하여 brix가 45~50가 될 때까지 가열하여 제조하였음
- 발아흑미양갱은 물에 한천분말을 넣어 20분간 불리고 약불에 5분간 저으면서 가열한 다음, 여기에 올리고당과 소금을 넣고 3분간 가열하였으며, 마지막으로 발아 흑미 페이스트를 넣고 5분간 가열하고 틀에 넣어 4℃에서 10시간 동안 냉각시킨 후 사용하였음
- 발아흑미양갱의 항산화 활성은 황기 첨가한 경우는 첨가 비율이 증가함에 따라 항산화 활성이 증가했으며 5% 첨가 시 56.6%로 무첨가 대비 1.6배 증가하였음. 발효황기도 황기와 비슷한 경향을 보였으며 5% 첨가 시 85.26%로 무첨가 대비 2.4배 증가하였음

○ 고령자 대상 소비자 기호도 조사
 - 소비자 기호도 조사(농산업경영과 협조)
  · 시제품(4종): 팥양갱, 발아흑미양갱, 발효황기 분말, 추출물 첨가 양갱
  · 대상: 고령자 60 ~ 75세 50명
  · 시기: 심층면담 7명(10.17, 온라인), 기호도조사 43명(10.12~17, 설문)
 - 소비자 기호도 조사 결과
  · 양갱 가격: 1,290원/개(40g)　　* 팥양갱: 560원/개(40g)
  · 양갱 선호 연령층: 전 연령층(48%), 60대 이상(40%), 40~60대(12%)
  · 가장 맛있는 양갱
    ☞ 팥(50%), 발효황기분말(20%), 발효황기추출물(18%), 발아흑미(12%)
  · 가장 목넘김이 좋은 양갱
    ☞ 팥(40%), 발아흑미, 발효황기분말·추출물(각 20%)
  · 간식으로 적합여부: 적합(92%), 부적합(8%)
  · 양갱 적절 용량: 40g(50%), 20g(28%), 50g 이상(12%), 10g(10%)
  · 양갱 구매 의향: 있음(82%), 없음(14%), 기타(4%)
  · 양갱 판매처: 대형마트(38%), 슈퍼마켓(26%), 백화점 등(36%)
  · 기호도: 팥양갱(5.36), 발효황기분말(4.92), 발아흑미(4.82), 발효황기
    추출물(4.8)

<발아흑미 양갱을 섭취 후 느낀 장점과 단점>

| 시료 | 장점 | 단점 |
|---|---|---|
| 팥양갱 | 알갱이 씹히는 식감이 좋으며 익숙한 맛으로 먹을 때 부담이 없음 | 향과 구수한 맛이 적으며 진한 맛이 없음 |
| 발아흑미 | 쓴맛과 단맛이 조화로움, 부드럽고 간식으로 먹기 좋음 | 텁텁하고 단맛이 강하며 뚝뚝 끊어지고 쫀득함이 덜함 |
| 발효황기 분말 | 구수한 맛이 좋으며 식감이 좋음 | 약간 단단하여 쫄깃한 식감이 덜하며 텁텁한 느낌과 단맛이 강함 |
| 발효황기 추출물 | 식감이 부드럽고 향이 진함 황기맛과 향이 나서 보약 같음 | 독특한 향이 나고 텁텁한 느낌이 나며 단맛이 강함 |

# 3. 잔대

## ☐ 특성
- 우리나라 5대 삼(蔘) 중 하나로 꼽히는 약용작물
- 사질양토와 양토의 토양환경 선호
- 내한성이 강하여, 서늘하고 통풍이 양호한 준고랭지가 재배 적지
- 주로 종자번식을 하며, 저온보다는 고온에서 발아가 잘됨(25℃ 정도에서 발아율이 높음)

## ☐ 육묘이식재배
- 종근 이식재배 방법은 육묘상을 만들어 더위가 물러가는 초가을(9월 상순) 또는 봄(3~4월)에 종자를 산파하여 일정 기간 육묘한 후에 종근을 본밭에 이식하는 방법으로 쉽게 농가에서 재배하는 방법임
- 삼색부직포 활용 육묘 기술

| 묘상 준비 | 파종(산파) | 삼색부직포 피복 |
|---|---|---|
| · 폭 1m, 두둑 높이 30cm, 이랑사이 30cm 정도<br>· 묘상 다지기 | · 산파: 종자+가는모래(1:100)<br>· 흙덮기: 원예용 상토 소량 훑어 뿌리기 | · 묘상 전체피복: 고정핀으로 고정<br>· 관수: 부직포 위에 골고루 관수 (흙이 흠뻑 젖을 때까지) |
| 주의사항 | · 휴면타파 종자 사용: 휴면타파<br>  (저온처리: 냉동고 20일, 지베렐린 처리: 200ppm 24시간)<br>· 육묘상이 항시 촉촉한 상태로 유지(아침, 저녁 관수 실시)<br>· 비닐하우스 육묘 시 환기 철저(측창 개폐)<br>· 재배환경에 따라 출현기가 10~20일 소요(평균 15일)<br>· 잔대 파종 후 50일(본엽 3~4매) 후에는 삼색부직포를 제거 | |

○ 육묘상 준비
- 육묘상을 만드는 장소는 아침에 해가 들지 않고 오후에 해가 드는 곳(근처에 높은 산이 있거나, 건물 또는 해가림 존재(나무, 작물, 담 등)로 햇빛을 차단해 주는 곳)이 적합함
- 육묘상을 만들기 전, 10a에 퇴비 3,000kg와 살충제를 뿌려주고 밭갈이를 해준 후 이랑을 넓고 높게 만들어 줌
○ 종자 파종
- 모래와 섞는 비율은 1:100 정도이며 소요되는 종자량은 3.3㎡당 1g 정도가 알맞음(발아율 90% 이상 종자 기준)
- 잔대 종자는 천립중이 258mg으로 굉장히 작음 (참깨 종자보다 10배 정도 작은 크기), 따라서 반드시 가는 모래 또는 밭 토양을 채로 걸러 가는 흙을 사용해야 함

## ❏ 육묘재배 시 주의사항
○ 파종
- 모래와 섞어주는 비율이 너무 낮을 경우, 밀식되어 작은 종근의 생산 비율이 높아지기 때문에 적당히 섞어주는 것이 중요
- 발아율이 낮은 종자의 경우 파종량이 적으면 잡초 관리가 어려우므로 파종량을 늘려야 함
- 생육 초기 잡초와 경합이 되면 생존이 힘들어서 가능한 한 종자 파종 전 잡초를 반드시 제거함
○ 수분관리: 파종 후 부직포 안 흙을 촉촉하게 유지해주는 것이 중요
- 봄 파종 (3~4월 파종)은 하루에 3번 정도 물을 줌
○ 이식 전 포장 관리
- 잔대는 직근성으로 토양이 과습한 것을 싫어하므로 두둑을 너비 120cm, 높이 30cm 정도로 두둑을 높게 조성함
- 가을에 지상부가 시들었을 때 퇴비를 덮어주면 언 피해 예방과 함께 유기물 공급도 될 수 있음

## 4. 더덕

☐ 직파재배

○ 파종 시기
 - 중남부 평야 지대에서는 3월 하순~4월 상순, 산간 고랭지에서는 4월 중순에 파종하는 것이 안전함
 - 파종한 후 싹이 나온 다음에 서리피해가 없도록 파종 시기를 잘 조절해야 함

○ 두둑 만들기와 비닐피복
 - 더덕 재배할 밭이 정해지면 깊이갈이를 하고 정지작업을 한 다음 90~100cm 두둑을 만들고 비닐피복을 할 수 있도록 배수로를 30~60cm 둠
 - 더덕 전용 비닐은 백색과 흑색 비닐을 겹으로 붙여 만든 것으로 사방 10cm마다 정방형으로 구멍이 뚫려 있음
 - 비닐피복 방법은 여름철에 지온을 낮추도록 흑색 면이 지면에 닿게 하고, 백색 면이 위로 향하도록 피복함

○ 종자처리
 - 더덕 종자는 발아가 잘 안 되므로 휴면기간(채종 후 120일 정도)이 지난 다음 2~5℃의 저온에서 7일 이상 저온 처리한 후 파종해야 발아가 비교적 잘되기 때문에 일반 온도에서 보관했던 종자를 그대로 파종하는 것은 되도록 피하는 것이 좋음

○ 파종
 - 비닐을 피복한 다음 구멍에 3~5알씩 점파하고 흙으로 가볍게 복토하며, 종자 소요량은 10a당 3~5L 정도임
 - 발아 후 본엽 4~5매, 초장 4~6cm 정도 자랐을 때 1본만 남기고 솎음 작업을 하여야 함

## 5. 백수오

☐ 직파재배

○ 중부 지방에서는 4월 1일을 전·후로 지온이 높아지는 시기에 파종하며, 10a당 퇴비 1,000kg 이상, 질소 8kg, 인산 4kg, 칼륨 4kg을 전량 기비로 밭갈이 전에 고루 뿌린 후 경운 로터리를 하여 전층시비가 되도록 함
- 정지 후 90~120cm 정도 두둑을 만들고 골 사이를 50~60cm로 하고, 포기 사이를 10~15cm 간격으로 종자를 2~5알씩 파종하고 복토는 1cm 정도로 함

○ 실생육묘 및 뿌리나누기
- 직파보다 육묘 이식재배 하면 수량이 20% 정도 증수되나 이식노력이 많아지므로 이 작업의 생력화가 필요함
- 육묘상은 10a당 33㎡ 정도가 소요되며, 1년간 묘상에서 육묘하여 다음 해 봄에 정식함
- 약재로 사용하고 남은 가는 뿌리를 5~7cm 정도의 길이로 잘라 심으면 숨어있는 눈에서 싹이 나옴
- 종근은 종자 소독제를 자른 부위에 묻혀서 균의 침입을 방지하고 10~15cm 간격으로 심고, 복토는 3cm 정도 되도록 함
- 정식기, 재식거리, 시비량은 직파재배와 같이함

○ 솎음 및 덩굴올리기
- 종자를 파종하여 어린잎이 5매 정도 자라면 포기 사이를 15cm 되게 솎아주고 솎은 묘는 보식하거나 정식하는 묘로도 이용할 수 있음
- 덩굴이 20cm 정도 자라면 덩굴을 올릴 수 있는 지주를 설치하여 줄기가 타고 올라갈 수 있도록 해주고, 7~8월에 비, 바람 등 폭풍우가 있게 되면 줄기가 무성하였던 것이 쓰러져 피해가 더 크게 되므로 지주가 쓰러지지 않도록 튼튼하게 세워줌

# 6. 삽 주

☐ 재배방법
  ○ 파종 방법별 재배법
   - 삽주(자생종)와 큰꽃삽주는 종자번식(1년 재배)과 영양번식(2년 재배)이 가능함
   · 큰꽃삽주의 경우 종자가 크고 채종량이 많아 주로 종자를 이용해 직파 및 포트 육묘이식 재배를 하며 간혹 2년 재배를 하기도 함
   · 삽주(자생종)의 경우 종자번식을 하면 생산량이 적어 주로 종근으로 영양번식하며 종근 번식 시 눈이 없는 것은 약재로 쓰고 눈이 있는 윗부분을 종근으로 이용함
   · 종자번식은 증식이 쉬우나 생육이 느리고 고르지 못한 단점이 있고 종근 번식은 균일도는 높으나 증식률이 낮고 파종 시 노동력이 많이 듦
   - 작물의 알맞은 재식거리는 작물 재배법, 목표 수량 및 품질 등을 고려하여 설정하게 됨
   · 큰꽃삽주는 1년생의 경우 초장이 20~25cm 정도 되고, 2년생은 35~40cm 정도로 다르며 토양의 비옥도와 기타 여건에 따라서 실제 재배 시 심는 거리를 조정할 수 있음
  ○ 직파 (1년 재배)
   - 본 밭에 씨를 직접 뿌리는 방법임
   - 너무 일찍 파종하면 어린 모종이 늦은 서리의 해를 받게 되어 생장에 영향을 미치며, 너무 늦어도 생장을 잘하지 못함
   - 종자는 충실하고 병해충이 없으며 오래 묵히지 않은 종자를 선택하여야 함
   · 충실한 종자를 25~30℃의 물에 24시간 담그고 파종하면 일시에 빠르게 생육할 수 있으나 토양이 건조할 때는 피해야 함

· 종자는 소독 후 그늘에 펴서 말린 뒤 파종하면 좋은데 기온이 18~20℃이고 노지에 충분한 수분이 있으면 파종 후 10~15일에 싹이 나기 시작함
- 큰꽃삽주를 직파 재배하면 10a당 2kg가량의 종자가 소요됨
· 3월 하순~4월 상순이 파종 적기로 4월 중하순에 파종하는 것보다 수량이 36.2% 증가하였으며, 큰꽃삽주의 적정 재식 거리는 30cm(줄 사이) × 15cm(포기사이)이며 수확은 그해에 하며 간혹 2년 재배를 하기도 하나 그러면 병 발생이 심해져 수량이 감소함
- 저장 상태가 양호한 종자는 실험실 내 최적의 조건에서 발아율이 87%에 달하나 실제로 노지에서의 입모율은 50% 이하이므로 파종량을 늘려야 함
· 본엽이 3~5매 정도 나왔을 때 솎음작업을 하면 좋음
· 보통 파종량은 3~5립 정도이며 빈포기는 메꿈 심기(보식)를 함
○ 노지 육묘 및 종근 정식 (2년 재배)
- 큰꽃삽주는 노지 육묘를 통해 2년 재배하기도 하는데 이는 1년 동안 노지에 육묘 후 봄에 아주심기(이식)하여 그해 가을에 수확하는 방식임
· 노동력이 많이 드나 경지 이용률을 증대시키고 우량 종근을 선별할 수 있어 수량을 증대할 수 있으며 약리 성분이 높아 한약재용으로 적당하다는 장점이 있음
· 주의할 점으로 눈이 위로 향하게 심은 뒤 토양을 눌러주어 공간이 비지 않게 해주는 것이 좋음
· 정식 전 종근을 소독해 주는 것이 좋으나 현재 삽주에서 종근 소독 약제는 등록되어 있지 않음
- 2년 재배를 위한 노지 육묘 시 적정 재식거리를 구명하기 위해 재식거리별로 파종한 결과 재식밀도가 좁은 5×5cm 또는 줄뿌림(15cm)에서 종근 생산량이 많았으나 우량 종근(16g 이상) 생산량은 10×10cm에서 가장 높았음

- 삽주(자생종)의 경우 수확한 근경을 5g~25g 범위로 분근하여 아주심기한 뒤 1년 이상 재배함
· 삽주(자생종)는 큰꽃삽주에 비해 풀 자람새가 덜하므로 보다 밀식할 필요가 있음
· 20×15cm(10a당 2만본)으로 재배하는 것이 수량, 품질 그리고 비용을 고려했을 때 가장 적정하였음

○ 포트 육묘 이식(1년 재배)
- 종자를 직파하지 않고 포트에 육묘해서 본 밭에 아주심기하여 그해 수확하는 재배법임
· 일반적으로 1년생 노지 직파 재배 시 짧은 생육기간으로 생근중이 떨어지고 약리 성분이 낮게 나와 상품화가 곤란하며 2년 재배하면 품질은 좋으나 수확 시 병 발생 등으로 수량 확보에 어려움이 있다는 단점이 있음
· 이러한 단점을 해결하고 안정적인 수익을 얻기 위한 좋은 방법의 하나로 포트 육묘 이식재배가 있음
- 이 재배는 2월 중순경 200구 연결포트에 종자를 2~5립 정도씩 파종하여 하우스에 육묘하며, 파종 후 10일경 종자가 발아되어 본엽이 2매 정도가 되었을 때 1구당 3주로 솎음작업을 한 뒤 60일이 되었을 때 본 밭에 아주심기하는 방법임
· 큰꽃삽주를 포트에 육묘한 뒤 아주심기하여 그 해 수확하면 2년 재배에 비해 114%, 직파 1년 재배에 비해 154%의 수량 증가 효과가 있었으며 여기에 일부 재배 방법을 개선(1주 3본 재식, 꽃봉오리 제거, 흑색비닐 피복)할 경우 직파 1년 재배 대비 수량이 248% 증가하였음
· 육묘 기간은 2개월 정도임

# 7. 구기자

## □ 생과용 구기자 청감의 착과수 확보를 위한 열매가지 관리 방법

(영농활용: 2023. 충청남도농업기술원)

○ 배경
- '청감'은 고당도 구기자로 당도가 높고 아린 맛이 적어 건강 기능성을 갖춘 생과용으로 수요가 증가할 것으로 전망되나 수량성이 낮음
- 다른 품종에 비해 수세가 강하여 영양생장으로 인한 꽃눈형성이 잘 이루어지지 않아 우량한 열매 가지 확보가 필요함
- 생과용 구기자 재배 기술 확립 및 생과 소비 확대 촉진으로 농가 소득 향상

○ 개발된 영농기술정보
- 비가림시설 고수고 울타리 재배 수세 관리를 위해 4월 하순에 1회 적심(20cm)으로 열매 가지를 유인하고 가지제거와 솎음 작업을 통한 착과지수 30개로 조절
  · 필요 이상으로 많은 결과지의 양분 소모를 줄이고 수광 상태 개선으로 착과 증진
- 착과지수별 구기자 분지 및 생육 특성

| 착과지수<br>(개/주) | 분지수<br>(개/착과지) | 과크기<br>(㎟) | 100과생중<br>(g) | 착과수<br>(개/주) | 생과수량<br>(kg/10a) |
|---|---|---|---|---|---|
| 30 | 2 | 298.7 | 140.5 | 749 | 1,192 |
| 50(대조) | 1 | 284.7 | 136.2 | 708 | 1,094 |

〈30개/주〉   〈40개/주〉   〈50개/주(대조)〉   〈60개/주〉

○ 파급효과
- 안정적인 생과 결실량 확보로 생과 생산성 향상(수량성 9% 증대)
- 생과용 구기자의 지속적인 수요증가에 따른 가공원료 연중안정 생산으로 다양한 가공상품화

## 생과용 구기자 '청감'의 적정 적심방법 설정

(영농활용: 2022. 충청남도농업기술원)

○ 배경
- '청감'은 고당도 구기자로 당도가 높고 아린 맛이 적어 건강 기능성을 갖춘 생과용으로 수요가 증가할 것으로 전망되나 수량성이 낮음
- 구기자 품종별 적심시기에 따라 열매가지의 개화습성이 달라지는데 '청감'의 수세관리와 수량성 향상을 위한 재배기술 개발 필요
- 생과용 구기자 재배 기술 확립 및 생과 소비 확대 촉진으로 농가 소득 향상

○ 개발된 영농기술정보
- 구기자 '청감'의 비가림시설 울타리재배 수형에서 수세관리 및 착과수 확보를 위해 적심길이 20cm로 4월 하순경(개화전 40일) 1회 적심 시 충실한 착과지 생육으로 착과 형성에 유리하였음
- 적심 방법에 따른 구기자 생육 특성

| 적심방법 | 분지수 (개/주) | 착과지 길이 (cm) | 착과수 (개/주) | 수량 (kg/10a) |
|---|---|---|---|---|
| 15cm 2회(관행) | 122 | 90.3 | 1,341 | 2,128 |
| 20cm 1회 | 135 | 107.5 | 1,755 | 2,673 |

〈15cm 2회(관행)〉　　　　　　〈20cm 1회〉

○ 파급효과
- 생과용 구기자 '청감'의 적합한 적심방법 개발로 노동력 절감 및 생산성 향상(적심 노동력 50%, 수량성 26%)
- 생과용 구기자의 지속적인 수요증가에 따른 가공원료 연중안정 생산으로 다양한 가공상품화

## 8. 약용작물

### □ 파종 및 포장 관리

○ (결명자) 묵은 종자는 발아가 잘 안 되므로 잘 여문 햇 종자를 맑은 물에 24시간 이상 담갔다가 물기를 제거하고 파종함
  - 밑거름은 10a당 질소 4kg, 인산 10kg, 칼륨 7kg, 퇴비 1,000kg을 밭을 갈기 전에 고루 뿌려 주고, 산성토양에서는 밑거름을 주기 2주 전에 석회를 넣고 갈이 하였다가 파종함
  - 50cm 간격으로 물이 잘 빠지도록 골을 타고 25cm 간격으로 2~3cm 깊이로 점파한 후 복토 해줌

○ (율무) 종자가 15℃ 이상에서 발아할 수 있으므로 평균기온이 15℃ 이상인 때에는 가능한 한 일찍 파종하여 줌
  - 율무는 종자 전염병인 잎마름병과 깜부기병 피해가 심하므로 10a당 종자 3~4kg을 플루디옥소닐 종자처리 액상수화제 2,000배액에 3일간 침지소독한 후 맑은 물에 3일간 다시 침종하고 그늘에 말려 파종함
  - 비료는 10a당 질소 16kg, 인산 9kg, 가리 6kg을 밑거름으로 50~60%, 출수기 웃거름으로 40~50%를 줌
  - 줄 사이 60cm, 포기사이 30cm로 심으며 한 포기에 종자 3립을 파종함

○ (오미자) 신초가 30~40cm정도 자랐을 때 유인철사나 망에 고정해 주고 서로 엉키지 않게 줄기를 수시로 유인 해줌
  - 오미자 줄기는 유인망을 따라 한줄로 올라가지 않고 중간에 꺾여 다른 곳을 감고 올라가므로 뒤엉키지 않고 일직선으로 올라 갈 수 있도록 유인

○ 오미자는 뿌리가 땅속 10~20cm 이내 분포하는 천근성 식물로 뿌리가 건조하기 쉬우므로 볏짚, PE필름, 부직포, 차광망 등으로 멀칭하여 가뭄피해를 예방하고 잡초 발생을 억제해줌

○ 개화기에는 꽃눈형성을 위한 양분흡수에 수분공급이 필요하므로 관수시설을 설치하여 아침이나 늦은 오후에 관수를 해줌

## ☐ 바이오소재 발굴 보물창고 '약용식물 추출물' 연구용 분양

(보도자료: 2024.10.21. 농촌진흥청)

○ 농촌진흥청은 약용식물을 활용한 기능성 소재 개발을 돕고자 인삼, 작약, 감초 등 약용식물 추출물을 연구용으로 분양하고 있다며, 관심을 당부했음

〈약용식물원 포장〉　　〈추출물 제조〉　〈약용식물 추출물〉

○ 농촌진흥청은 새로운 식·의약품 소재를 원하는 기업 수요를 반영하고 해외 의존도가 높아 수급이 불안정한 국내 원료 시장을 안정화하고자 2002년부터 채집 지역, 잎·뿌리 등 활용 부위, 추출 용매 조건에 따라 약용식물 추출물을 제작, 분양하고 있음

○ 2024년 10월 현재는 103종 작물로 만든 245점 추출물을 1점당 최대 20mg씩 분양 중임

- 분양을 희망하는 연구자[*]는 농촌진흥청 국립원예특작과학원 누리집(www.nihhs.go.kr →연구성과 →식물추출물분양)을 참고해 신청서를 작성한 뒤 전자우편(jsjeoncy@korea.kr)이나 우편(인삼특작부 특용작물이용과)으로 제출하면 됨

  * 일반인도 연구용으로 분양 가능

○ 농촌진흥청은 추출물의 원료인 식물자원을 실제로 보존하는 약용식물자원포와 국립약용식물원을 함께 운영하고 있음

- 연구자가 필요할 경우, 식물자원 증식을 통해 추출물 추가 제조, 추출물 대량 생산, 원료 식물의 기원 정립 등 후속 연구도 가능함

○ 농촌진흥청 국립원예특작과학원은 "우리나라 건강기능식품 시장은 최근 지속해서 성장하고 있고, 지난해 건강기능식품 수출은 2022년 대비 16.6%나 늘었다."라며 "최근 국내 자생 식물자원을 활용해 건강기능식품 원료를 개발하려는 산업체가 많아짐에 따라 우수한 자생 약용식물자원 개발 지원을 확대해 나갈 계획이다."라고 전했음

### 농촌진흥청 약용식물 추출물 분양

- 분양 대상: 감국, 감초, 강황, 개똥쑥, 갯기름나물 등 103점 245점
- 분양 절차

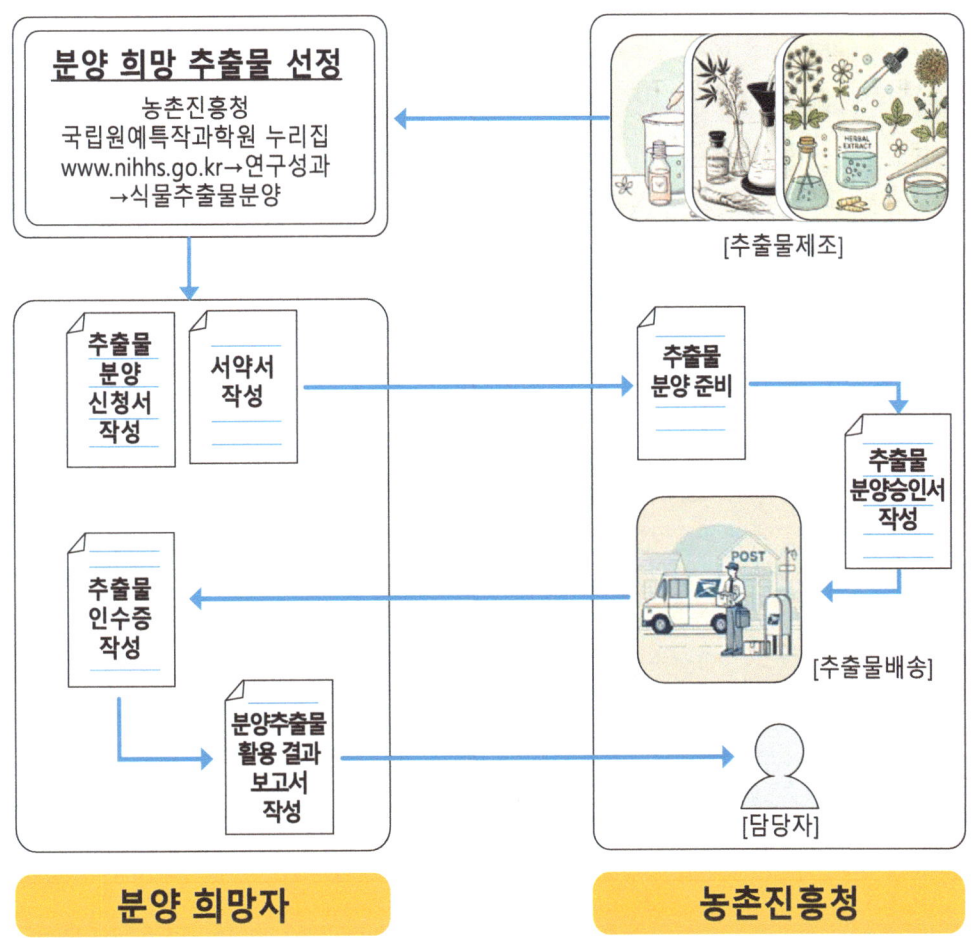

# Ⅴ. 주요 원예·특용작물 경영정보

# 1. 시설딸기

□ **생산 수급 동향** (자료: 한국농촌경제연구원, 농업전망 2025년)
  ○ 재배면적 및 생산량 추이
   - 딸기 재배면적은 농가 고령화, 타 작목 전환 등으로 2010년 7,049ha에서 감소하며 최근 3개년 평균 5,650ha 수준까지 감소하였음
   - 딸기 생산량은 재배면적 변동에 따라 증감을 하고 있으나 수확량이 높은 수경재배 확대와 다수확 품종의 재배가 확대되면서 2020년까지 20만 톤 내외를 유지하였음
   - 2020년대 이후 기상 여건 악화와 재배면적 감소 폭 증가로 최근 3개년 생산량은 16만 톤 수준까지 감소하였음

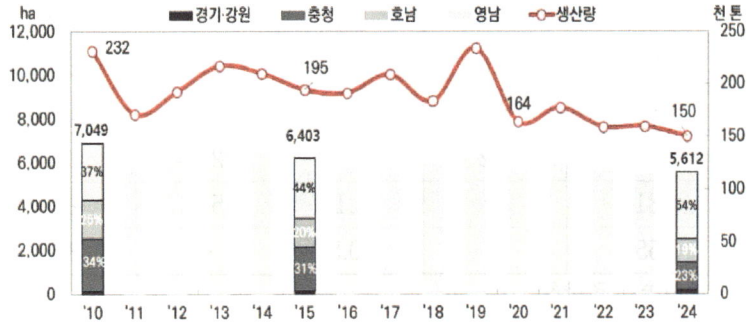

〈딸기 재배면적과 생산량 추이〉

주: 2024년 생산량은 농업관측센터 추정치임
자료: 통계청, 농업관측센터

   - 지역별로 보면, 영남지역 재배면적 비중은 2010년 37%에서 2024년 54%까지 증가하며 전체 재배면적 중 절반 이상을 차지하고 있음
   - 충청과 호남지역 재배면적 비중은 2010년 각각 34%, 25%를 차지하고 있었으나 2024년 23%, 19%로 나타나, 전체 딸기 재배면적 중 차지하는 비중이 감소하고 있는 것으로 나타났음
   - 딸기 품종별 비중은 '설향'이 80.6%로 가장 높으나, 최근 다양한 품종이 재배되며 그 비중은 감소하고 있음

- 2000년대 중반 국내에서 개발된 '설향'은 수확량이 많고, 병해에 강한 장점이 있어 농가 선호가 높아 빠르게 확대되었으나, 최근 인기가 높은 '킹스베리' 등 신품종 재배 의향이 증가하면서 소폭 감소하는 추세를 보이고 있음
- 기존 수출용 품종인 '매향'은 '금실'로 대체되었는데, 기존 품종 대비 품질이 좋아 수출국에서의 선호도가 높고 국내 판매도 가능하여 농가의 선호가 높아졌음

<딸기 품종별 재배면적 비중>

(단위: %)

| 구분 | 설향 | 금실 | 장희 | 죽향 | 매향 | 기타 |
|---|---|---|---|---|---|---|
| 2024/25년 | 80.6 | 8.8 | 1.9 | 3.0 | 0.4 | 5.2 |
| 2023/24년 | 81.2 | 7.5 | 2.2 | 3.4 | 0.9 | 4.8 |
| 2022/23년 | 82.1 | 7.4 | 2.4 | 3.0 | 1.2 | 3.8 |
| 2021/22년 | 83.1 | 5.6 | 2.3 | 2.7 | 2.5 | 3.9 |
| 2020/21년 | 84.3 | 3.5 | 2.3 | 2.2 | 4.5 | 3.2 |
| 2019/20년 | 86.0 | 1.2 | 4.7 | 2.7 | 2.6 | 2.7 |
| 2015/16년 | 81.3 | - | 6.1 | 5.9 | 2.5 | 4.2 |
| 2010/11년 | 55.5 | - | 20.5 | - | 3.5 | 20.5 |

자료: 농업관측센터 표본농가 조사치

○ 2024년 생산 동향

- 2023/24년 딸기 재배면적은 전년과 비슷하나 평년 대비 3.9% 감소한 5,612ha이었음
  · 전년 출하기 딸기 가격이 높게 형성되었으나, 농가 고령화 등으로 면적 증가 폭은 제한적이었음
- 딸기 단수는 여름철 집중호우 등 기상 여건 악화로 육묘 생육이 부진하여 전년 및 평년 대비 각각 6.2%, 6.5% 감소하였음
- 딸기 생산량은 단수 감소로 전년 및 평년 대비 각각 6.0%, 10.2% 감소한 149.9천 톤으로 추정됨

<2024년 딸기 생산 동향>

(단위: ha, kg/10a, 천 톤, %)

| 구분 | | 재배면적 | 단수 | 생산량 |
|---|---|---|---|---|
| 2023/24년 | | 5,612 | 2,671 | 149.9 |
| 2022/23년 | | 5,600 | 2,848 | 159.5 |
| 평년 | | 5,840 | 3,153 | 166.9 |
| 증감률 | 전년 대비 | 0.2 | -6.2 | -6.0 |
| | 평년 대비 | -3.9 | -6.5 | -10.2 |

주: 2023/24년 단수는 농업관측센터 추정치이며, 평년은 최근 5개년 중 최대, 최소를 제외한 평균임
자료: 통계청, 농업관측센터

○ 가격 및 출하 동향[1]
- 2023/24년 딸기 가격은 전년(8,874원) 및 평년(8,444원) 대비 각각 7.5%, 13.0% 상승한 9,539원/kg이었음
- 딸기 반입량은 생산량 감소로(전년 대비 6.0% 감소) 전년 및 평년 대비 각각 4.7%, 9.2% 감소한 2만 1천 톤이었음
- 2023년 11월 가격은 전년(14,858원) 및 평년(15,287원) 대비 각각 37.7%, 33.8% 상승한 20,453원/kg이었음
 · 가격이 높게 형성된 것은 육묘 생육 부진 및 조기 정식한 농가의 장마 피해로 출하량이 줄어들었기 때문임
- 2023년 12월~2024년 2월 가격도 전년(10,589원) 및 평년(10,119원) 대비 각각 12.6%, 17.8% 높은 11,922원/kg이었음
 · 작황 부진 영향이 이어지면서 딸기 출하가 원활하지 못해 가격은 높은 수준을 유지하였음

---
[1] 서울가락도매시장을 기준으로 기술하였음

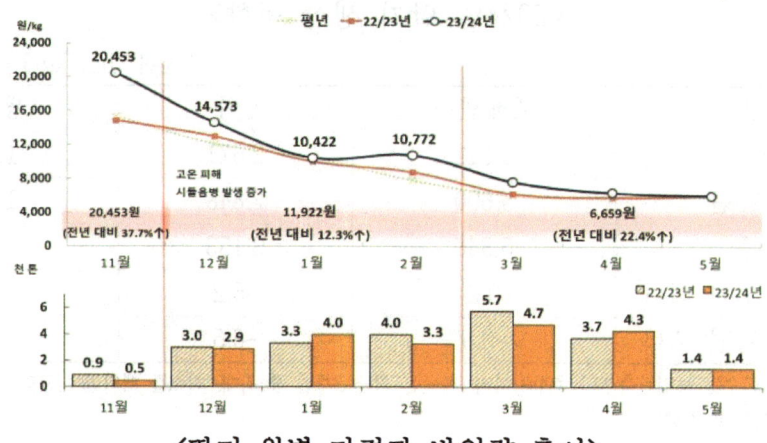

<딸기 월별 가격과 반입량 추이>

주: 가격은 가락시장 평균단가(거래금액/거래물량)이며, 생산자물가지수(2020년=100)로 실질화함
자료: 서울특별시농수산식품공사

- 딸기 가격은 출하 초기에 높게 형성되었다가 하락하는 패턴을 보이고 있으므로 점차 출하를 앞당기려는 농가 의향이 증가하는 추세임
  · 이로 인해 최근 3년간(2022~2024년) 11월부터 12월까지의 출하 비중이 과거 대비 4%p 상승하였음
- 출하 초 가격이 높게 형성되는 것은 겨울철 수요가 높기 때문으로, 이 시기 대형유통업체에서 판촉 행사와 연말 행사(크리스마스 등)로 소비가 증가하여 반입량 비중 증가에도 가격은 과거 대비 높은 (21.1% 상승) 수준을 유지하고 있음

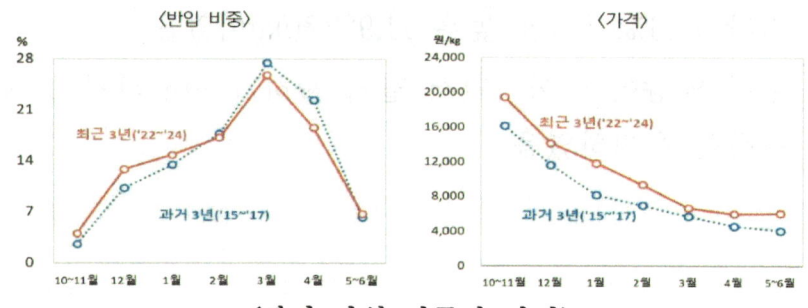

<딸기 반입 비중과 가격>

주: 가격은 가락시장 평균단가(거래금액/거래물량)이며, 생산자물가지수(2020년=100)로 실질화함
자료: 서울특별시농수산식품공사

○ 수출입 동향2)
- 2024년 신선 딸기 수출량은 전년(4,744톤) 대비 3.9% 감소한 4,560톤임
· 수출량 감소 이유는 육묘기 기상 여건 악화로 작황이 좋지 못해 2023/24년산 딸기 생산량이 감소하였기 때문임
- 국가별 수출 비중은 싱가포르가 28%로 가장 높고, 태국, 홍콩 순으로 나타남
· 과거에는 홍콩과 싱가포르로 대부분 수출되었으나, 수출국 다변화의 노력으로 태국, 베트남 등으로의 수출이 증가하고 있음

<신선 딸기 국가별 수출 동향(단위: 톤)>

| 구분 | 2015년 | 2019년 | 2020년 | 2021년 | 2022년 | 2023년 | 2024년 |
|---|---|---|---|---|---|---|---|
| 전체 | 3,293 | 5,259 | 4,574 | 4,557 | 3,733 | 4,744 | 4,560 |
| 홍콩 | 1,304 | 1,753 | 1,601 | 1,791 | 1,148 | 1,147 | 826 |
| 싱가포르 | 1,083 | 1,415 | 1,209 | 1,023 | 764 | 1,268 | 1,269 |
| 태국 | 308 | 676 | 655 | 584 | 561 | 974 | 1,175 |
| 베트남 | - | 620 | 518 | 510 | 615 | 572 | 443 |
| 말레이시아 | 416 | 507 | 351 | 299 | 258 | 288 | 293 |

주: 2024년은 잠정치임
자료: 관세청, 한국관세무역개발원

- 2024년 냉동딸기 수입량은 국내 생산량 감소와 소비 증가로 전년 대비 31.3% 증가하였음
· 딸기 관련 제품들의 인기로 가공공장, 베이커리, 카페 등 대량 수요처에서의 높은 수요로 냉동딸기 수입량은 증가세를 나타내고 있음

<딸기 수출입 동향(단위: 톤)>

| 구분 | | 2015년 | 2019년 | 2020년 | 2020년 | 2022년 | 2023년 | 2024년 |
|---|---|---|---|---|---|---|---|---|
| 수출량 | 신선 | 3,293 | 5,259 | 4,574 | 4,557 | 3,733 | 4,744 | 4,560 |
| | 케첩 | 382 | 445 | 234 | 242 | 296 | 330 | 374 |
| | 기타 | 3 | 39 | 18 | 23 | 34 | 46 | 81 |
| | 전체 | 3,678 | 5,742 | 4,825 | 4,822 | 4,066 | 5,161 | 5,016 |
| 수입량 | 냉동 | 7,659 | 8,479 | 7,887 | 9,016 | 12,217 | 12,771 | 16,774 |
| | 주스 | 230 | 394 | 246 | 300 | 315 | 412 | 623 |
| | 기타 | 899 | 967 | 782 | 954 | 1,235 | 716 | 1,035 |
| | 전체 | 8,788 | 9,840 | 8,915 | 10,269 | 13,766 | 13,899 | 18,431 |

주: 2024년은 잠정치임
자료: 관세청, 한국관세무역개발원

2) 딸기 수출입 품목은 신선딸기(HS Code: 0810100000), 냉동딸기(HS Code: 0811100000), 주스(HS Code: 2009891020), 기타(HS Code: 2008800000) 등을 포함함

◻ 2025년 수급 전망

○ 2024/25년 딸기 재배면적은 전년산 가격 강세로 전년(2023/2024년) 대비 1.4% 증가한 5,691ha로 조사되었으며, 단수는 전년 대비 3.4% 증가한 2,761kg/10a로 전망됨
  - 정식기 고온으로 초기 생육은 부진하였으나, 이후 기상 여건 호조로 작황이 회복되며 전반적인 생육상황은 전년 대비 양호하였음
○ 2024/25년 딸기 생산량은 재배면적과 단수 증가로 전년 대비 4.8% 증가하나 평년 대비 5.8% 감소한 15만 7천 톤으로 전망됨

<2025년 딸기 생산 전망>

(단위: ha, kg/10a, 천 톤, %)

| 구분 | | 재배면적 | 단수 | 생산량 |
|---|---|---|---|---|
| 2024/25년 | | 5,691 | 2,761 | 157 |
| 2023/24년 | | 5,612 | 2,671 | 150 |
| 평년 | | 5,840 | 2,828 | 167 |
| 증감률 | 전년 대비 | 1.4 | 3.4 | 4.8 |
| | 평년 대비 | -2.6 | -2.4 | -5.8 |

주: 2023/24년 단수는 농업관측센터 추정치, 2024/25년은 전망치임
자료: 통계청, 농업관측센터

○ 중장기 전망
 - 딸기 재배면적은 2034년 6,382ha로 연평균 1.3%씩 완만하게 증가할 것으로 전망됨
  · 최근 딸기 수요 증가로 가격이 높게 유지되면서 농가 재배의향도 증가할 것으로 예상되어 재배면적은 증가할 것으로 전망
  · 다만, 재배 농가의 고령화로 면적 증가 폭은 크지 않을 전망
 - 품종별로는 가장 높은 비중을 차지하고 있는 '설향'의 비중은 감소하고 '금실', '킹스베리', '비타베리' 등 다양한 품종의 재배면적이 확대될 것으로 예측되나, 향후에도 '설향' 재배 비중은 가장 높을 것으로 전망
 - 딸기 생산량은 다수확 방식인 고설 재배면적 확대에 의한 단수 증가로 2034년에는 18만 8천 톤 수준이 될 것으로 전망됨

- 수출량은 동남아시아 수요가 꾸준히 늘어 2034년 6천 5백 톤까지 증가할 것으로 전망됨
· 주요 수출국이었던 홍콩과 싱가포르는 꾸준히 수출량이 증가하며, 태국, 베트남, 말레이시아 등 수출국 다변화를 통해 동남아시아 수출량이 확대될 전망임
- 딸기 1인당 연간 소비량은 생산량 증가로 2034년 4.0kg까지 증가할 것으로 전망
· 겨울철 대표 품목으로 소비 대체 품목이 많지 않고, 섭취의 편리성, 품종 개발에 의한 품질 개선 등으로 앞으로도 소비는 증가할 것으로 예측됨

〈딸기 중장기 수급 전망〉

| 구분 | 단위 | 2024년 | 전망 | | |
|---|---|---|---|---|---|
| | | | 2025년 | 2029년 | 2034년 |
| 재배면적 | ha | 5,612 | 5,691 | 5,983 | 6,382 |
| 단수 | kg/10a | 2,671 | 2,761 | 2,841 | 2,941 |
| 국내생산량 | 천 톤 | 149.9 | 157.1 | 170.0 | 187.7 |
| 수출량 | 천 톤 | 5.01 | 5.63 | 5.79 | 6.45 |
| 1인당 소비량 | kg | 3.2 | 3.3 | 3.6 | 4.0 |

주: 2024년 단수는 농업관측센터 추정치, 2025년 이후는 전망치임
자료: 통계청, 관세청, 한국관세무역개발원, 농업관측센터, 한국농촌경제연구원(KASMO)

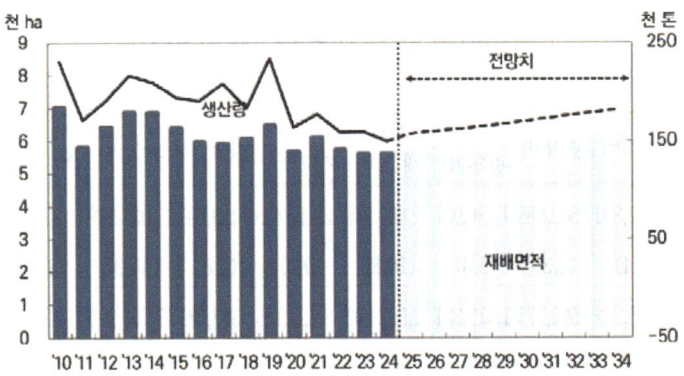

〈딸기 중장기 생산량 전망〉

주: 2024년 생산량은 농업관측센터 추정치, 2025년 이후는 전망치임
자료: 통계청, 농업관측센터, 한국농촌경제연구원(KASMO)

◻ **시설딸기 10a당 수익성** (자료: 2023년 농촌진흥청 농산물 소득 자료집)

○ 2023년도 시설딸기 10a당 총수입은 26,590,440원으로 전년 대비 8.3% 감소
 - 수량은 4.2%, 가격이 4.3% 감소함
○ 10a당 경영비는 15,087,166원으로 전년 대비 7.5% 감소
○ 10a당 소득은 11,503,274원으로 전년 대비 9.5% 감소

<연도별 10a당 수익성 비교>

| 구 분 | 2018 (A) | 2019 (-) | 2020 (B) | 2021 (C) | 2022 (D) | 2023 (E) | 비율(%) | | | |
|---|---|---|---|---|---|---|---|---|---|---|
| | | | | | | | E/A | E/B | E/C | E/D |
| 총수입(원) | 23,343,108 | 22,254,894 | 23,161,751 | 26,489,721 | 28,996,466 | 26,590,440 | 114 | 115 | 101 | 92 |
| 단수(kg/10a) | 3,307 | 3,445 | 3,080 | 3,184 | 3,127 | 2,998 | 91 | 97 | 94 | 96 |
| 단가(원/kg) | 7,044 | 6,444 | 7,498 | 8,315 | 9,267 | 8,869 | 126 | 118 | 107 | 96 |
| 경영비(원) | 11,614,942 | 12,744,633 | 13,228,506 | 14,569,698 | 16,297,182 | 15,087,166 | 130 | 114 | 105 | 93 |
| 생산비(원) | 20,099,067 | 21,508,716 | 23,386,855 | 26,229,144 | 28,740,208 | 24,883,555 | 124 | 106 | 95 | 87 |
| 소 득(원) | 11,728,166 | 9,510,261 | 9,933,245 | 11,920,023 | 12,699,284 | 11,503,274 | 98 | 116 | 97 | 91 |
| 순수입(원) | 3,244,041 | 746,178 | -225,104 | 260,577 | 256,258 | 1,706,885 | - | - | - | - |

○ 2023년 시설딸기 생산비 투입 요소 비율은 노동비(44.3%), 종묘비(18.7%), 기타재료비(10.8%), 감가상각비(9.0%) 순이며, 상위 4개 요소가 생산비의 82.8%를 차지함

<10a당 생산요소별 생산비>

(단위: 원, %)

| 구 분 | 종묘비 | 비료비 | 농약비 | 수도광열비 | 기타재료비 | 감가상각비 | 임차료 | 노동비 | 용역비 | 기타 | 계 |
|---|---|---|---|---|---|---|---|---|---|---|---|
| 2023년 (A) | 4,643,349 (18.7) | 777,331 (3.1) | 542,985 (2.2) | 1,436,007 (5.8) | 2,689,958 (10.8) | 2,247,495 (9.0) | 439,597 (1.8) | 11,025,545 (44.3) | 872,576 (3.5) | 208,712 (0.8) | 24,883,555 (100.0) |
| 2022년 (B) | 3,750,321 (13.0) | 886,352 (3.1) | 502,775 (1.7) | 1,819,321 (6.3) | 2,532,802 (8.8) | 3,793,185 (13.2) | 383,281 (1.3) | 13,503,992 (47.1) | 1,325,810 (4.6) | 242,369 (0.9) | 28,740,208 (100.0) |
| 증감 (A-B,%P) | 5.7 | - | 0.5 | -0.5 | 2.0 | -4.2 | 0.5 | -2.8 | -1.1 | -0.1 | - |

## 2. 당근

□ **생산 수급 동향** (자료: 한국농촌경제연구원, 농업전망 2025년)

○ 2024년 당근 재배면적은 2023년 및 평년 대비 각각 4.3%, 6.8% 증가한 2,864ha로 추정됨
  - 봄 당근 재배면적은 2023년 대비 1.8% 감소한 것으로 추정됨
    · 2023년산 겨울 당근 과잉 생산 우려로 출하 시기가 겹치는 시설 봄 당근의 타 품목(감자 등)으로 전환이 이루어졌기 때문임
  - 여름 당근 재배면적은 2023년 대비 8.8% 증가한 것으로 추정됨
    · 2023년 출하기 및 2024년 파종기 가격 강세 등의 영향으로 강원 지역 배추·무 등에서 당근으로 작목 전환이 이루어졌기 때문임
  - 가을당근 재배면적은 2023년 대비 2.2% 증가한 것으로 추정됨
    · 여름 당근 출하 기간 장기화 및 겨울 당근 조기 파종 영향 등으로 감소 추세를 보여 왔으나, 금년도 가격 강세가 지속되었기 때문임
  - 겨울 당근 재배면적은 2023년산 대비 7.8% 증가한 것으로 추정됨
    · 2023년 출하기 및 2024년 파종기 가격 강세로 제주지역 무 등에서 당근으로 작목 전환이 이루어졌기 때문임

<당근 작형별 재배면적 및 생산량>

(단위: ha, 천 톤)

| 구분 | | 2024 | 2023 | 평년 | 전년대비(%) | 평년대비(%) |
|---|---|---|---|---|---|---|
| 전체 | 면적 | 2,864 | 2,747 | 2,681 | 4.3 | 6.8 |
| | 생산량 | 80 | 85 | 86 | -7.6 | -8.3 |
| 봄 | 면적 | 940 | 957 | 950 | -1.8 | -1.0 |
| | 생산량 | 23 | 26 | 27 | -11.5 | -14.4 |
| 여름 | 면적 | 418 | 385 | 384 | 8.8 | 9.1 |
| | 생산량 | 6 | 6 | 7 | -3.7 | -17.8 |
| 가을 | 면적 | 164 | 160 | 175 | 2.2 | -6.5 |
| | 생산량 | 5 | 6 | 6 | -6.0 | -14.9 |
| 겨울 | 면적 | 1,342 | 1,245 | 1,173 | 7.8 | 14.4 |
| | 생산량 | 44 | 47 | 45 | -6.1 | -2.2 |

주: 1) 2023년 재배면적과 생산량은 농업관측센터 추정치임
　　2) 2024년 재배면적과 생산량은 농업관측센터 전망치임
　　3) 평년은 2019~2023년의 최대, 최소를 제외한 평균임
자료: 통계청, 제주특별자치도청, 농업관측센터

- 2024년 당근 생산량은 2023년과 평년보다 각각 7.6%, 8.3% 감소한 8만 톤 내외로 추정됨
  · 봄 당근을 제외한 모든 작형의 재배면적 증가에도 불구하고 기상이변의 영향으로 단수가 큰 폭으로 감소했기 때문임
○ 수출입 동향
- 2024년 당근 수입량은 11만 8천 톤으로 2023년 및 평년 대비 각각 6.6%, 16.5% 증가하였음
- 2024년 2월 이후 국산 당근 가격 강세 지속과 수입 당근에 대한 할당관세 조치가 5월부터 시행되면서 수입량이 증가하였음
- 국가별 수입량은 수입 비중이 큰 중국(연중 수입)이 11만 2천 톤으로 2023년 대비 13.1% 증가하였고, 베트남(1~5월 수입)은 5천 톤으로 51.6% 감소하였음
  · 2024년 수입 당근의 국가별 점유율은 중국이 95%, 베트남이 5% 내외임
- 2024년 당근 톤당 수입단가는 2023년 및 평년 대비 각각 23.0%, 8.1% 상승한 434달러였음
- 중국산은 2023년 및 평년 대비 각각 27.7%, 11.4% 상승한 436달러였으며, 베트남산은 각각 14.7%, 24.1% 하락한 382달러였음
  · 중국산 당근의 경우 할당관세 영향으로 수입량이 증가하였으나 중국 내 작황 부진 영향 등으로 수입단가가 상승하였음
  · 베트남산 당근은 타국으로의 수출선을 모색함에 따라 수입량이 감소
- 2024년 수입 당근 10kg당 국내 판매 가능 가격은 2023년 및 평년 대비 각각 26.6%, 20.2% 상승한 8,470원이었음
  · 국가별로 중국산은 2023년 및 평년 대비 각각 31.0%, 23.6% 상승한 8,510원, 베트남산은 10.1%, 13.6% 하락한 5,890원이었음

<당근 수출입 동향>

(단위: 톤)

| 구분 | 수출 | 수입 | | | |
|---|---|---|---|---|---|
| | 전체 | 중국 | 베트남 | 기타 | 전체 |
| 2024 | 320 | 112,349 | 5,337 | 10 | 117,695 |
| 2023 | 292 | 99,361 | 11,035 | - | 110,395 |
| 평년 | 220 | 92,465 | 8,688 | 69 | 101,043 |
| 전년 대비(%) | 9.5 | 13.1 | -51.6 | - | 6.6 |
| 평년 대비(%) | 42.0 | 21.5 | -38.6 | -90.2 | 16.5 |

주: 1) 당근(신선, 냉장) HS코드 0706101000의 실적임
  2) 기타 수입국은 호주, 우즈베키스탄 등임
  3) 평년은 2019~2023년의 최대, 최소를 제외한 평균임
자료: 관세청

○ 공급 동향

- 2024년 당근 총 공급량은 국내 생산량이 감소하였으나 수입량에서 수출량을 제외한 순수입량이 증가하여 2023년 및 평년 대비 각각 0.6%, 3.8% 증가한 19만 7천 톤으로 전망됨

· 1인당 공급량은 2023년 및 평년 대비 각각 0.5%, 3.9% 증가한 3.8kg, 자급률은 2023년 대비 3.0%p 감소한 40.7%로 전망됨

<당근 공급 동향>

(단위: 천 톤)

| 구분 | 총공급량 (A+B) | 국내 생산량(A) | 순수입량 (B) | 수입량 | 수출량 | 자급률 (%) | 1인당 공급량(kg) |
|---|---|---|---|---|---|---|---|
| 2024 | 197 | 80 | 117 | 117 | 0 | 40.7 | 3.8 |
| 2023 | 195 | 85 | 110 | 110 | 0 | 43.7 | 3.8 |
| 평년 | 189 | 86 | 101 | 101 | 0 | 44.8 | 3.7 |
| 전년대비(%) | 0.6 | -6.3 | 5.9 | 5.9 | -6.3 | -3.0 | 0.5 |
| 평년대비(%) | 3.8 | -7.1 | 15.8 | 15.8 | 21.6 | -4.1 | 3.9 |

주: 1) 자급률=국내 생산량/총 공급량, 자급률의 전년 및 평년 대비 증감률은 %p를 의미함
  2) 1인당 공급량=총 공급량/인구수
  3) 평년은 2019~2023년의 최대, 최소를 제외한 평균임
자료: 통계청, 제주특별자치도청, 관세청, 농업관측센터

○ 소비 동향
  - 2024년 가구 소비자의 당근 소비 행태를 알아보기 위한 농업관측센터 소비자 패널 조사3) 결과 당근 소비량이 전년과 비슷하다는 응답이 70.9%로 가장 많았고, '전년 대비 당근 소비량이 늘었다(15.5%)'는 가구가 '전년 대비 소비량이 줄었다(13.6%)'는 가구보다 많았음
    · 당근 소비량 증가 이유는 '건강(미용)에 좋아서(43.9%)', '식습관 변화(27.6%)', '외식감소(7.1%)' 순이었으며, 감소 이유는 '가격 상승(38.2%)', '가구원 수의 변화(18.6%)', '식습관 변화 (18.6%)', '대체 채소가 많아서(15.7%)' 순으로 나타났음
  - 가구 소비자의 당근 구입 주기는 '월 2회 이상(31.9%)', '월 1회(29.9%)', '2개월 1회 (14.1%)' 순으로 나타났으며, 당근을 구매할 경우, 구매 단위는 '1개(24.3%)', '2개 (21.8%)', '3개(18.5%)' 순으로 나타났음
  - 당근 구매 시 고려 요소는 '모양과 색택(31.6%)', '가격(20.8%)', '원산지 및 재배지역 (19.3%)' 순이었음
    · 다음으로는 '안전성 및 친환경 인증 여부(10.4%)', 크기가 작은 것보다는 '큰 것을 선호 (9.6%)', '포장 형태(6.4%)' 순으로 나타났음

<가구 소비자의 당근 구매 고려 요소>

(단위: %)

| 구분 | 모양과 색택 | 가격 | 원산지 및 재배지역 | 안전성 및 친환경 | 크고 무거움 | 포장 형태 | 작고 가벼움 | 브랜드 |
|---|---|---|---|---|---|---|---|---|
| 당근 | 31.6 | 20.8 | 19.3 | 10.4 | 9.6 | 6.4 | 1.9 | 0.1 |

자료: 농업관측센터

  - 당근 구입 시 원산지 확인 여부는 '반드시 확인한다(72.6%)'는 응답이 대부분을 차지하였으며, 다음으로는 '가끔 확인한다(19.7%)', '확인하지 않는다(4.0%)', '원산지 확인 불가(3.7%)' 순으로 나타남

---
3) 한국농촌경제연구원 농업관측센터 소비자패널 526명 대상 온라인 설문조사 결과(2024.12.16.~2024.12.20.)

- 이중 국산 당근만을 구입한다는 응답이 79.1%였으며, 국산과 수입 당근을 혼용하는 가구의 원산지별 평균 구매 비중은 국산이 66.4%, 수입이 33.6%를 차지하는 것으로 나타났음
- 수입 당근을 구매하는 이유로는 국산 당근 대비 저렴한 가격 때문이라는 응답이 대부분이었으며, 세척이 되어 편리하기 때문이라는 응답 또한 많았음
- 당근 가격 상승 시 대체 품목으로는 '대체 없음(16.7%)', '무(13.6%)', '파프리카(11.5%)', '오이(11.5%)' 순이었음
- 대체 품목이 부재하다는 응답이 가장 많았으나, 식감 및 조리 시 색을 내는 용도로 무, 파프리카 등이 대체 되는 것으로 나타났음
- 당근 구입처는 '백화점·대형마트(33.5%)', '도매·재래시장(25.3%)', '인근 슈퍼·상가(22.1%)' 순이었음

<가구 소비자의 당근 구입처>

(단위: %)

| 구분 | 백화점·대형마트 | 도매·재래시장 | 인근 슈퍼·상가 | 로컬푸드 매장 | 인터넷쇼핑몰 | 직거래 | 지인구매 |
|---|---|---|---|---|---|---|---|
| 당근 | 33.5 | 25.3 | 22.1 | 9.4 | 6.0 | 3.0 | 0.4 |

자료: 농업관측센터

- 당근 구매 용도는 원물 섭취, 샐러드 속재료, 당근 라페, 주스 등 생식용으로 구매한다는 응답이 가장 많았으며, 그 다음으로는 국, 볶음, 찌개 등의 속 재료 반찬용으로 구매하는 것으로 나타났음

○ 가격 동향
- 2024년 당근 상품 20kg당 도매가격은 2023년 및 평년보다 각각 33.6%, 85.7% 상승한 65,440원이었음
- 봄 당근을 제외한 모든 작형의 재배면적 증가에도 불구하고 기상이변에 따른 작황 부진으로 단수가 매우 감소하면서 2024년 2월 이후 전년 및 평년 대비 높은 시세가 지속되었음

- 겨울 당근 출하기(1~4월) 가격은 2023년 및 평년 대비 각각 5.2%, 63.1% 상승한 50,460원이었음
- 겨울 당근 재배면적이 늘어남과 동시에 초반 작황이 양호하여 출하 초기(1월) 가격이 하락하였으나, 2월 잦은 비로 인한 병해 발생 및 상품성 저하 등으로 생산량이 감소하면서 가격이 높게 형성되었음
- 봄 당근 출하기(5~8월) 가격은 2023년 및 평년 대비 각각 43.4%, 112.2% 상승한 69,560원이었음
- 2023년산 겨울 당근 재배면적이 증가함에 따라 겨울 당근과 출하시기가 겹치는 시설 봄 당근이 타 작목으로 전환되면서 전체 봄 당근 재배면적이 감소하였으며, 생육 초기 일조량 부족 및 가뭄 등으로 인한 작황 부진으로 생산량이 감소하여 가격이 높게 형성되었음
- 여름 당근 출하기(9~10월) 가격은 2023년 및 평년 대비 각각 24.3%, 57.3% 상승한 83,490원이었음
- 여름 당근 재배면적 증가에도 불구하고 생육 초기 강수량 부족 및 유례없는 고온이 지속되며 여름 당근 단수가 큰 폭으로 감소하였기 때문임
- 가을 당근 출하기(11~12월) 가격은 2023년 및 평년 대비 각각 104.6%, 116.8% 상승한 69,140원이었음
- 가을 당근 파종기 고온과 가뭄으로 인한 결주률이 높았으며, 생육기 기상 여건 또한 좋지 못해 병해 및 생리장해가 확산되어 생산량이 감소하였기 때문임

- 2024년 당근 상품 20kg당 소매가격은 2023년과 평년보다 각각 16.1%, 44.3% 상승한 112,540원이었음
- 도매가격과 마찬가지로 전년 및 평년 대비 가격이 상승하였으나, 농축산물 할인지원 행사 등의 영향으로 소매가격 상승 폭은 도매가격 상승 폭보다 낮았음

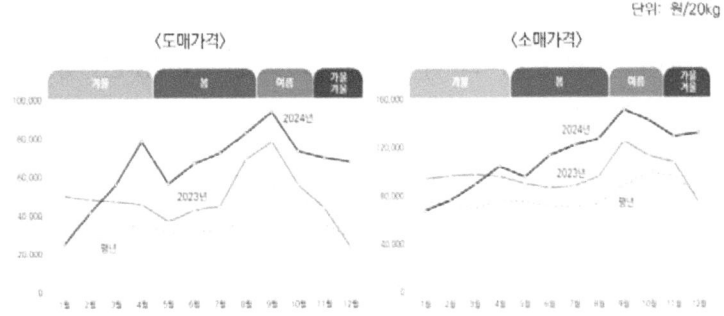

<당근 월별 도매 및 소매가격 동향>

주: 평년은 2019~2023년의 최대, 최소를 제외한 평균임
자료: 서울특별시농수산식품공사, 한국농수산식품유통공사

## ☐ 수급 전망

○ 2024년산 겨울 당근 생산 전망

- 2024년산 겨울 당근(24년 11월~25년 3월 수확) 생산량은 2023년산 및 평년 대비 각각 6.1%, 2.2% 감소한 4만 4천 톤 내외로 전망됨
- 재배면적은 전년 출하기 가격이 높았던 영향으로 무 등에서 작목 전환되어 2023년산과 평년보다 각각 7.8%, 14.4% 증가한 1,342ha로 전망됨
- 단수는 파종기 고온·가뭄 피해 이후 생육기 잦은 비와 일조량 부족 등 기상 여건이 악화함에 따라 병해 및 생리장해가 발생하여 2023년산과 평년보다 각각 12.9%, 14.6% 감소한 10a당 3,294kg으로 전망됨

<2024년산 겨울 당근 생산량 전망>

(단위: ha, kg/10a, 톤)

| 구분 | 재배면적 | 단수 | 생산량 |
|---|---|---|---|
| 2024년산 | 1,342 | 3,294 | 44,204 |
| 2023년산 | 1,245 | 3,783 | 47,100 |
| 평년 | 1,173 | 3,855 | 45,206 |
| 전년 대비(%) | 7.8 | -12.9 | -6.0 |
| 평년 대비(%) | 14.4 | -14.6 | -2.2 |

주: 1) 2024년산은 농업관측센터 전망치임
   2) 평년은 2019~2023년산의 최대, 최소를 제외한 평균임
자료: 제주특별자치도청, 농업관측센터

○ 2025년 생산 전망

- 농업관측센터 표본농가 조사 결과, 2025년 봄 당근 생산량(평년 단수 적용)은 2024년과 평년 대비 각각 20.3%, 4.0% 증가한 2만 8천 톤 내외로 전망됨
  · 봄 당근 재배면적은 전년 출하기 및 파종기 시세 강세로 2024년 및 평년보다 각각 5.6%, 4.0% 증가한 993ha로 전망됨

<2025년 봄 당근 생산량 전망>

(단위: ha, kg/10a, 톤)

| 구분 | 재배면적 | 단수 | 생산량 |
|---|---|---|---|
| 2025 | 993 | 2,804 | 27,840 |
| 2024 | 940 | 2,461 | 23,139 |
| 평년 | 955 | 2,804 | 26,774 |
| 전년 대비(%) | 5.6 | 13.9 | 20.3 |
| 평년 대비(%) | 4.0 | - | 4.0 |

주: 1) 2025년은 농업관측센터 전망치임
  2) 평년은 2020~2024년의 최대, 최소를 제외한 평균임
자료: 농업관측센터

  · 재배 형태별로 시설 봄 당근은 2024년과 평년보다 각각 5.3%, 3.3% 증가한 819ha, 노지 봄 당근은 2024년과 평년보다 각각 6.9%, 6.3% 증가한 174ha로 전망됨
  · 봄 당근 파종 마무리 시기는 3월 중순이므로, 재배면적은 향후 당근 가격과 파종 여건 등에 따라 변동될 수 있음

- 2025년 여름 당근 생산량(평년 단수 적용)은 2024년과 평년보다 각각 21.5%, 7.7% 증가할 것으로 전망
- 재배면적은 2024년 여름 당근 출하기(9~10월) 가격 강세 영향으로 타 작목에서 당근으로 전환되면서 2024년 및 평년 대비 각각 2.5%, 7.7% 증가한 428ha로 추정됨
- 2025년 가을 당근 생산량(평년 단수 적용)은 2024년 및 평년 대비 각각 19.2%, 6.9% 증가할 것으로 전망
- 재배면적은 2024년 가을 당근 출하기 가격이 높았던 영향으로 전년 및 평년 대비 각각 7.9%, 6.9% 증가한 177ha로 추정됨

- 2025년 전체 당근 생산량4)은 2024년과 평년보다 각각 16.9%, 6.4% 증가한 9만 1천 톤 내외로 전망
- 2024년 당근 가격 상승 등의 영향으로 모든 작형에서 재배면적이 증가하여 2025년 전체 재배면적은 2024년과 평년보다 각각 3.3%, 6.3% 증가한 2,958ha로 추정됨

○ 중장기 전망
- KREI-KASMO 모형 추정 결과, 당근 재배면적은 수입량의 증가로 2025년 2,958ha에서 2034년 2,842ha로 연평균 0.4% 감소할 전망
- 당근 총공급량은 2025년 19만 7천 톤에서 2034년 20만 7천으로 증가할 전망임
  · 재배면적 감소로 국내 생산량은 2025년 9만 1천 톤에서 2034년 8만 7천 톤으로 감소하나, 수입량에서 수출량을 제외한 순수입량이 2025년 10만 6천 톤에서 2034년 12만 톤으로 증가할 전망임
- 당근 자급률은 2025년 46.2%에서 2034년 42.2%로 낮아질 전망이며, 1인당 공급량은 4kg 내외를 유지할 것으로 보임

<당근 중장기 수급 전망>

| 구분 | | 단위 | 2024 | 2025 | 2029 | 2034 |
|---|---|---|---|---|---|---|
| 재배면적 | | ha | 2,864 | 2,958 | 2,901 | 2,842 |
| 총 공급량(A=B+C) | | 천 톤 | 197 | 197 | 202 | 207 |
| | 국내 생산량(B) | 천 톤 | 80 | 91 | 89 | 87 |
| | 순수입량(C=D-E) | 천 톤 | 117 | 106 | 113 | 120 |
| | 수입량(D) | 천 톤 | 117 | 106 | 113 | 120 |
| | 수출량(E) | 천 톤 | 0.2 | 0.2 | 0.2 | 0.2 |
| 자급률(B/A) | | % | 40.7 | 46.2 | 44.2 | 42.2 |
| 1인당 공급량 | | kg | 3.8 | 3.8 | 3.9 | 4.1 |

주: 1인당 공급량=총 공급량/인구수
자료: 통계청, 제주특별자치도청, 관세청, 농업관측센터, 한국농촌경제연구원(KREI-KASMO)

---

4) 2025년산 겨울당근 생산량이 포함된 수치이며, 2025년산 겨울당근의 경우 2025~2026년 사이에 출하되므로 2025년 생산 전망에서는 별도로 언급하지 않음

■ 노지당근 10a당 수익성 (자료: 2023년 농촌진흥청 농산물 소득 자료집)
  ○ 2023년도 노지당근 10a당 총수입은 4,877,046원으로 전년 대비 6.4% 감소
   - 수량은 7.0% 증가하였으나 가격이 12.5% 하락하여 총수입이 감소함
  ○ 10a당 경영비는 2,395,024원으로 전년 대비 3.5% 증가
  ○ 10a당 소득은 2,482,021원으로 전년 대비 14.2% 감소

<연도별 10a당 수익성 비교>

| 구 분 | 2018 (A) | 2019 (-) | 2020 (B) | 2021 (C) | 2022 (D) | 2023 (E) | 비율(%) E/A | E/B | E/C | E/D |
|---|---|---|---|---|---|---|---|---|---|---|
| 총수입(원) | 3,383,672 | 3,537,440 | 4,024,269 | 2,640,570 | 5,207,995 | 4,877,046 | 144 | 121 | 185 | 94 |
| 단수(kg/10a) | 3,520 | 4,234 | 3,726 | 3,984 | 4,057 | 4,341 | 123 | 117 | 109 | 107 |
| 단가(원/kg) | 961 | 835 | 1,080 | 663 | 1,284 | 1,123 | 117 | 114 | 169 | 87 |
| 경영비(원) | 1,892,441 | 2,126,669 | 2,141,367 | 1,948,366 | 2,313,680 | 2,395,024 | 127 | 112 | 105 | 104 |
| 생산비(원) | 2,577,141 | 2,973,832 | 3,167,578 | 2,911,371 | 3,123,869 | 3,198,775 | 124 | 101 | 110 | 102 |
| 소 득(원) | 1,491,231 | 1,401,771 | 1,882,902 | 692,204 | 2,894,316 | 2,482,021 | 166 | 132 | 358 | 86 |
| 순수입(원) | 806,531 | 563,608 | 856,691 | -270,801 | 2,084,126 | 1,678,271 | 208 | 196 | - | 86 |

  ○ 2023년 노지당근 생산비 투입요소 비율은 노동비(39.0%), 용역비(12.3%), 비료비(10.2%), 감가상각비(8.4%) 순이며, 상위 4개 요소가 생산비의 69.9%를 차지함

<10a당 생산요소별 생산비>

(단위: 원, %)

| 구 분 | 종묘비 | 비료비 | 농약비 | 수도광열비 | 기타재료비 | 감가상각비 | 임차료 | 노동비 | 용역비 | 기타 | 계 |
|---|---|---|---|---|---|---|---|---|---|---|---|
| 2023년 (A) | 263,860 (8.2) | 326,391 (10.2) | 113,268 (3.6) | 40,877 (1.3) | 230,666 (7.2) | 269,973 (8.4) | 223,309 (7.0) | 1,245,887 (39.0) | 395,011 (12.3) | 89,533 (2.8) | 3,198,775 (100.0) |
| 2022년 (B) | 240,773 (7.7) | 327,259 (10.5) | 122,652 (3.9) | 48,396 (1.5) | 231,599 (7.4) | 229,988 (7.4) | 275,429 (8.8) | 1,238,396 (39.7) | 322,665 (10.3) | 86,712 (2.8) | 3,123,869 (100.0) |
| 증감 (A-B,%P) | 0.5 | -0.3 | 0.3 | -0.2 | -0.2 | 1.0 | -1.8 | -0.7 | 2.0 | - | - |

## 3. 주요작물 가격동향

기준일 2025. 3. 19.

### ☐ 가격 변동폭이 큰 품목 (전주·전월·전년 대비)

| 가격 상승 품목 | 가격 하락 품목 |
|---|---|
| 백합 | 양송이 |

### ☐ 농산물 도매가격 동향 (증감률 110 이상, 90 이하)

| 품목 | | 기준단위 | 당일 | 전주 | 증감률 | 전월 | 증감률 | 전년 | 증감률 | 평년 | 비고 |
|---|---|---|---|---|---|---|---|---|---|---|---|
| 채소 | 배추 | 1포기 | 5,493 | 5,549 | 99 | 5,158 | 106 | 3,436 | 160 | 4,104 | 전체 |
| | 무 | 1개 | 3,161 | 3,228 | 98 | 3,256 | 97 | 1,853 | 171 | 1,755 | |
| | 양파 | 1kg | 3,059 | 2,810 | 109 | 2,754 | 111 | 2,471 | 124 | 2,600 | |
| | 파 | 1kg | 3,621 | 3,787 | 96 | 3,617 | 100 | 3,375 | 107 | 3,379 | 대파 |
| | 시금치 | 1kg | 8,070 | 9,040 | 89 | 12,300 | 66 | 7,970 | 101 | 6,970 | |
| | 상추 | 1kg | 9,630 | 9,590 | 100 | 9,710 | 99 | 10,260 | 94 | 9,020 | 적 |
| | 깻잎 | 1kg | 29,950 | 30,220 | 99 | 30,940 | 97 | 26,470 | 113 | 23,620 | |
| | 호박 | 1개 | 2,304 | 2,379 | 97 | 2,485 | 93 | 2,515 | 92 | 2,155 | 조선애 |
| | 오이 | 10개 | 18,922 | 18,922 | 100 | 19,339 | 98 | 21,210 | 89 | 14,035 | 가시계통 |
| | 풋고추 | 1kg | 23,690 | 23,730 | 100 | 22,470 | 105 | 22,560 | 105 | 19,350 | |
| | 청양고추 | 1kg | 15,970 | 15,860 | 101 | 15,840 | 101 | 21,370 | 75 | 16,400 | |
| | 건고추 | 1kg | 29,380 | 29,400 | 100 | 29,470 | 100 | 30,920 | 95 | 16,145 | 화건 |
| | 피망 | 1kg | 19,380 | 18,880 | 103 | 18,110 | 107 | 18,310 | 106 | 16,570 | |
| | 파프리카 | 1kg | 10,060 | 11,140 | 90 | 11,780 | 85 | 11,060 | 91 | 2,028 | |
| | 토마토 | 1kg | 6,546 | 6,422 | 102 | 5,973 | 110 | 5,194 | 126 | 6,302 | |
| | 방울토마토 | 1kg | 10,735 | 10,792 | 99 | 9,751 | 110 | 13,321 | 81 | 9,339 | 대추형 |
| | 멜론 | 1개 | 18,203 | 18,097 | 101 | 16,087 | 113 | 21,249 | 86 | 14,705 | |
| | 수박 | 1개 | 28,765 | 28,826 | 100 | 29,220 | 98 | 32,402 | 89 | 27,236 | |

| 품목 | | 기준단위 | 당일 | 전주 | 증감률 | 전월 | 증감률 | 전년 | 증감률 | 평년 | 비고 |
|---|---|---|---|---|---|---|---|---|---|---|---|
| 과수 | 바나나 | 1kg | 3,000 | 3,050 | 98 | 2,980 | 101 | 3,260 | 92 | 3,100 | |
| | 사과 | 10개 | 27,046 | 27,654 | 98 | 27,524 | 98 | 27,120 | 100 | 25,682 | 후지 |
| | 배 | 10개 | 46,198 | 45,718 | 101 | 48,529 | 95 | 42,825 | 108 | 38,590 | 신고 |
| 특작 | 버섯 느타리 | 2kg | 18,320 | 19,380 | 95 | 19,780 | 93 | 19,460 | 94 | 20,900 | |
| | 새송이 | 2kg | 11,580 | 12,100 | 96 | 12,280 | 94 | 12,500 | 93 | 11,600 | |
| | 팽이 | 1.5kg | 5,970 | 5,750 | 104 | 6,060 | 99 | 5,530 | 108 | 5,650 | |
| | 표고 | 2kg | 18,542 | 16,829 | 110 | 22,924 | 81 | 17,953 | 103 | | 생 |
| | 양송이 | 2kg | 14,856 | 18,372 | 81 | 19,310 | 77 | 21,074 | 70 | | |
| | 수삼 | 10뿌리 | 30,000 | 30,000 | 100 | 33,000 | 91 | 36,000 | 83 | | |
| | 6년근직삼 | 15편 | 50,400 | 50,400 | 100 | 50,400 | 100 | 49,200 | 102 | | |
| 화훼 | 장미 | 1단 | 5,911 | 9,013 | 66 | 13,955 | 42 | 3,511 | 168 | | 비탈 |
| | 백합 | 1단 | 14,417 | 11,603 | 124 | 12,097 | 119 | 9,933 | 145 | | 시베리아 |
| | 호접란 | 1단 | 6,667 | 8,048 | 83 | 8,043 | 83 | 5,935 | 112 | | 만천홍1.5대 |

* 자료: aTKamis, aT화훼공판장(장미, 백합, 호접란), 금산군청(수삼, 6년근직삼), 서울특별시농수산식품공사(표고, 양송이)
* 수삼, 6년근직삼: 당일 2025/2/27, 전주 2025/2/22, 전월 2025/1/27, 전년 2024/2/27 기준으로 함
* 호접란: 당일 2025/3/17, 전주 2025/3/10, 전월 2024/2/17, 전년 2024/3/18 기준으로 함

편 집 인 : 기술지원과장 이남수
편집기획 : 권은경, 성진경, 김성규, 박서준, 유군선, 최상호,
         정홍인, 이승호, 김소희, 박환규, 김다인, 신동윤,
         나예림, 유흥규, 지수정

**(연구결과 활용을 위한)**

**원예·특용작물 기술정보 (7)**

초판 인쇄   2025년 07월 10일
초판 발행   2025년 07월 15일

저　자  농촌진흥청, 국립원예특작과학원
발행인  김갑용

발행처  진한엠앤비
주소  서울시 서대문구 독립문로 14길 66 205호(냉천동 260)
전화  02) 364 - 8491(대) / 팩스 02) 319 - 3537
홈페이지주소  http://www.jinhanbook.co.kr
등록번호  제25100-2016-000019호 (등록일자 : 1993년 05월 25일)
ⓒ2025 jinhan M&B INC, Printed in Korea

ISBN 979-11-290-6048-8   (93520)    [정가 14,000원]

☞ 이 책에 담긴 내용의 무단 전재 및 복제 행위를 금합니다.
☞ 잘못 만들어진 책자는 구입처에서 교환해 드립니다.
☞ 본 도서는 [공공데이터 제공 및 이용 활성화에 관한 법률]을 근거로 출판되었습니다.